D1924774

# Taschenatlas
# der
# AQUARIENFISCHE

# Taschenatlas der AQUARIENFISCHE

Z. VOGEL

DAUSIEN-HANAU/M

5. Auflage 1973

Zdeněk Vogel
Taschenatlas der AQUARIENFISCHE

Illustrationen V. u. P. Brázda
Deutsch von Gertrude Franke
© 1963 Artia Praha
VERLAG WERNER DAUSIEN • HANAU/M
ISBN 3/7684/2383/2

# DAS AQUARIUM EINST UND HEUTE

Wenn wir die Konstruktion und Einrichtung von Aquarien am Ende des neunzehnten Jahrhunderts und in den beiden ersten Jahrzehnten des zwanzigsten Jahrhunderts mit den heutigen zweckmäßigen, luftigen und übersichtlichen Behältern vergleichen, können wir uns eines Lächelns nicht erwehren, auch wenn wir Geschmack und Möglichkeiten derer ehren, die die Aquarienkunde vor uns aufbauten – häufig unter sehr beschwerlichen Bedingungen.

Ältere Aquarienliebhaber erinnern sich noch gut an die Behälter, die vor ungefähr dreißig bis vierzig Jahren dekorative Bestandteile von Wohnräumen sein sollten. Gewöhnlich bildeten sie ein künstlerisches Ganzes mit einem Metallständer, bestehend aus verschiedenartig gebogenen Beschlägen und Gitterwerk, und wurden sogar mit Reliefs ergänzt, wie wir sie heute nur noch an Gedenksteinen in den älteren Teilen von Friedhöfen sehen können. Viele Aquarien waren oben mit metallenen Türmchen und kleinen Dächern versehen und wurden nicht nur in Form eines Würfels oder Quaders, der der Höhe nach aufgestellt wurde, hergestellt, sondern auch in Form eines Oktaeders und ähnlicher Körper.

In Kanzleien und auf Tischen oder auf Schränken war ein kleines kugelförmiges Aquarium beliebt, das auch als Blumenvase dienen konnte. Für diesen Zweck eignete sich wohl ein derartiges Glas am besten.

Und dennoch erregten damals auch diese Behälter die gebührende Aufmerksamkeit und Bewunderung junger und älterer Naturfreunde, erweckten in ihnen das Verlangen, eigene Aquarien anzulegen, und dadurch trugen sie zur Verbreitung der Aquarienkunde bei. Der Blick in ein Aquarium enthüllt ja erstaunliche Schönheiten, von denen derjenige, der noch kein Aquarium gesehen hat, es sich nicht hätte träumen lassen. Im schimmernden durchsichtigen Wasser verschwimmen auf dem gelbbraunen Hintergrund des Sandes zauberhaft zarte, frisch-grüne Pflanzen, zwischen deren Fransenwerk die herrlich gefärbten Bewohner dieser kleinen und geheimnisvollen Welt elegant hindurchschwimmen.

Die heutigen Aquarien sind so konstruiert, daß diese Schönheit so plastisch wie möglich hervortritt, und gerade deshalb sind sie so praktisch und einfach wie möglich. Lange schon wurden alle überflüssigen und geschmacklosen Verzierungen abgeschafft, die einerseits die Aufmerksamkeit vom Inhalt des Behälters ablenkten, andererseits die Handhabung erschwerten. Es verschwanden die sonderbaren Untersätze mit der Patina der Altertümlichkeit, mit Farn und Tradeskantien bewachsen, mit dem unvermeidlichen Springbrunnen. Und höchstwahrscheinlich werden Sie niemals mehr die aus bunten Steinchen und Muscheln zusammengeklebten „Zierfelsen" sehen, die einst in Aquarien so beliebt waren. Es währte lange, bis die Züchter ernstlich daran gingen, nicht etwa das Äußere, sondern das Innere der Aquarien möglichst stark hervortreten zu lassen, um so den getreuen Eindruck eines ungekünstelten, natürlichen Milieus zu erwecken.

Der größte Vorzug der Aquarienhaltung aber lag und liegt nicht nur in ihrer Ästhetik, sondern auch in ihrer erzieherischen Wirkung, denn sie bietet eine unerschöpfliche Quelle der Belehrung über viele scheinbar so geheimnisvolle Lebensvorgänge. Und so trägt das Aquarium auf die zugänglichste und interessanteste Art zur Verbreitung der grundlegenden naturwissenschaftlichen Kenntnisse bei. Ein einziges winziges Tröpfchen kristallklaren Wassers aus dem Becken, funkelnd in allen Regenbogenfarben, verwandelt sich im Okular des Mikroskops in ein weiteres neues Aquarium, belebt von winzigen Algen und einer Unzahl glasklarer Lebewesen – Urtierchen –, die Bakterien und verschiedene organische Reste verschlingen. Einige von ihnen, zum Beispiel die Amöben, umfließen Nahrungsteilchen mit ihrem gallertartigen Körper; die Aufgußtierchen und Rädertierchen wiederum strudeln sich mit einem Wasserstrom, der durch konzentrisches Flimmern dichter Wimpern erzeugt wird, die Nahrung zu ihren Mundöffnungen.

Die unendliche Mannigfaltigkeit des Lebens tritt also bereits im allerkleinsten Wassertröpfchen in Erscheinung. Und was sind dagegen erst die „großen“, vielzelligen Aquarienbewohner, die wir schon ohne Hilfe optischer Gläser beobachten können, unsere Pfleglinge, denen wir eine so aufmerksame und häufig aufopfernde Pflege widmen! Es ist schwer, die Anmut und die Schönheit der vielen Fische zu schildern, und ihre interessante und jedesmal andere Lebensweise, die bei den verschiedenen Arten so unendlich vielgestaltig ist, kann man nicht mit ein paar Worten beschreiben. Am erstaunlichsten jedoch ist es, daß sich alle diese anmutigen Lebewesen im Aquarium vermehren und sich so natürlich verhalten wie sonst wenige, in Gefangenschaft aufgezogene Tiere. Vögel und andere Tiere in Käfigen oder auch in den geräumigen Unterkünften der zoologischen Gärten leben nicht so ungezwungen und frei wie Fische in zweckmäßig ausgestatteten Behältern. Wir können das ganze Leben verschiedener Fischarten, ihre Nahrungssuche, ihre Werbung und Hochzeit, die Entwicklung des Laiches und der Jungen, ihre Kämpfe miteinander und auch ihr Zusammenleben fast ungestört beobachten; wir können ihre Fähigkeiten, sowie ihre bedingten und nicht bedingten Reflexe, ihre Krankheiten sowie ihre Regeneration und Anpassungsfähigkeit an das gegebene Milieu studieren.

Die Aquarienkunde hat auch auf die Charakterbildung des Menschen unbestreitbaren Einfluß. Wer mit Liebe Fische pflegt, wird empfänglich für Schönheit und Harmonie. Statt nutzlos Zeit zu vergeuden, widmet er sich einer edlen Beschäftigung, zu der Fachliteratur und Fachbildung unerläßlich sind, und verbreitet auch in seiner Umgebung die Kenntnis der Natur. Deshalb sollte sich besonders die Jugend noch intensiver und in größerem Ausmaß mit der Aquarienfischzucht beschäftigen. Ist es doch nicht Arbeit

um ihrer selbst willen, die die Aufmerksamkeit des Kindes vom praktischen Leben ablenkt. Im Gegenteil, sie erzieht es zu Geduld, Liebe zur Natur, erweckt in ihm Verlangen nach Belehrung. Unser Buch ist kein Lehrbuch. Seine Aufgabe ist es, möglichst wahrheitsgetreu die Schönheit der Kleinfischwelt zu zeigen, kurz einige der interessantesten Lebensäußerungen der Aquarienfische zu beschreiben sowie die Art, sie zu pflegen.
Das begrenzte Ausmaß dieses Büchleins verpflichtet den Autor zur Sparsamkeit im Text sowie in der Zahl der abgebildeten Fischarten, er glaubt aber, daß es dazu beiträgt, weitere begeisterte Bewunderer und Züchter für die Aquarienfischzucht zu gewinnen.

## Anpassung an die äußeren Umweltbedingungen

Die wichtigste Eigenschaft aller Organismen auf der Erde ist ihre erstaunliche Anpassungsfähigkeit; ohne diese könnten sie unter den wechselvollen Lebensbedingungen, deren Übergänge bisweilen recht überstürzt erfolgen, nicht existieren. Gerade die Fische sind in dieser Hinsicht außergewöhnlich interessant, weil die Anpassungsfähigkeit einiger Arten vor sehr langer Zeit ihre allmähliche Umwandlung in die ersten Festlandswirbeltiere herbeiführte; eine Menge Beispiele für ihre Anpassung können wir im Aquarium beobachten.

Vor vielen Millionen Jahren lebten in den paläozoischen Urmeeren des Devon außer anderen Urfischen auch einige merkwürdige Fische, die heute – außer einigen wichtigen Ausnahmen – zu längst ausgestorbenen Formen gehören. Es waren dies die Quastenflosser *(Crossopterygii)*, denen die heutigen Amphibien, Reptilien, Vögel und Säuger ihren Ursprung verdanken.

Die salzhaltigen Tümpel, die diese Fische bewohnten, begannen allmählich auszutrocknen; deshalb ergänzten die Fische im Laufe der Zeit die bisherige Kiemenatmung durch Lungenatmung und stellten sich mehr und mehr auf die Aufnahme der Außenluft um. Da kam es auch vor, daß sie aus den fast ausgetrockneten Lachen an Stellen kriechen mußten, wo noch etwas Wasser zurückgeblieben

war, und so entwickelten sich aus ihren dichtstrahligen Flossen allmählich einfache Gliedmaßen. Schließlich hörten einige Einzelindividuen auf, ausschließlich im Wasser zu leben und paßten sich auch dem Leben auf dem Festland an, wenn sie sich zunächst auch noch nicht weit vom Wasser entfernten, in dem sich ihre Larven entwickelten. So entstanden die ersten Uramphibien. Ihren Ursprung aus den Quastenflossern beweisen Funde von Überresten aus jenen fernen Zeiten, die überzeugend zeigen, welchen Weg die Entwicklung zu den heutigen Landwirbeltieren und damit auch zum Menschen nahm.
Dies ist sicher der interessanteste Beleg für die Anpassungsfähigkeit an die gegebenen Bedingungen, den wir uns vorstellen können. Freilich dauerte diese Umwandlung Hunderttausende und Millionen Jahre. Im Aquarium können wir viele andere Arten der Anpassung beobachten, die zwar weniger bedeutungsvoll sind als die eben geschilderten, dafür aber unverhältnismäßig schneller und deshalb um so anschaulicher.
Die Fische stellen zahlenmäßig die größte Klasse der Wirbeltiere dar. Heute sind schon über achttausend Fischarten beschrieben, davon ein beträchtlicher Teil derer, die Sie aus Aquarien kennen. In unseren Gewässern, in Flüssen und Seen kommen ungefähr 60 Fischarten vor, zum Großteil Nutzfische. Viele von ihnen sind aber auch für das Aquarium sehr geeignete und gleichzeitig schmükkende Pfleglinge, und das entweder während ihrer ganzen Lebenszeit oder wenigstens, solange sie

jung sind. An unseren gewöhnlichen Fischen können wir am leichtesten beobachten, wie sie sich der veränderten Umwelt anzupassen vermögen. Wenn wir in ein Aquarium, das 50×40 cm groß ist, einen jungen, ungefähr 10 cm langen Karpfen geben und in ein zweites Becken von 100×60 cm einen gleich großen Karpfen, so stellen wir nach wenigen Monaten fest, daß der Jungkarpfen in dem größeren Behälter seinen Artgenossen in dem kleineren Becken im Wachstum überflügelte. Beide erhielten die gleiche Menge derselben Nahrung und dennoch wuchsen sie ungleich heran. Schließlich hören beide Fische überhaupt zu wachsen auf. Woher kommt das?

Ursache ist die ausgesprochene Anpassungsfähigkeit an äußere Bedingungen. Obwohl sich in einem kleineren Raum das Gesamtaussehen oder die Gestalt des Fisches keineswegs wesentlich verändert, verlangsamt sich dennoch ihr Wachstum. Je größer das Becken ist, in dem wir den Fisch unterbringen, zu desto beträchtlicherer Größe kann er heranwachsen. Der konzentrierte Wasserdruck – ob größer oder kleiner – ruft auf die die Druckreize vermittelnden Sinnesorgane des Fisches mechanisch innere, physiologische Veränderungen hervor; sie äußern sich in ständig langsamerem Wachstum, das schließlich ganz aufhört. So können wir beispielsweise erreichen, daß wir in fünf verschieden großen Aquarien zwar gleich alte, aber ganz verschieden große Karpfen haben. Wenn wir einen Fisch, den wir lange in einem kleinen Behälter gehalten haben und der deshalb verkümmerte, in ein großes Becken oder in einen Teich lassen, beginnt er aufzuholen, was er in seinem Wachstum versäumte. Er wächst, und wenn er auch nicht alles einholt, kann er doch beträchtlich an Größe und Gewicht zunehmen, und das sogar in kurzer Zeit.

Fische können auch, wenigstens teilweise, ihre normale Gestalt verändern. Angler wissen, daß zwischen Fischen gleicher Art, zum Beispiel zwischen Karpfen, Hechten oder Forellen, die aus Flüssen, Talsperren oder Seen gefischt wurden, große Unterschiede bestehen können. Je älter der Fisch ist, desto auffallender pflegen diese äußeren morphologischen Unterschiede zu sein, die durch dauernden Aufenthalt in unterschiedlicher Umgebung hervorgerufen werden. Strömendes Wasser in Flußbetten wirkt auf den Körperbau des Fisches genauso stark ein wie die stillen Tiefen von Seen und Talsperren. Der gesunde Fisch paßt seine Körpergestalt immer der Umgebung an, in der er lebt.

Aber auch der Eingriff des Menschen vermag die Gestalt des Fisches zu verändern; der Uneingeweihte würde bisweilen kaum glauben, daß es sich nicht um eine andere Art handelt. Das sehen wir zum Beispiel bei den bekannten Schleierschwänzen. Die geschickten und geduldigen Chinesen züchteten aus dem ursprünglichen Goldzierfisch einen ganz besonderen Fisch, der sich in Körper- und Flossengestalt wesentlich von allen anderen Fischen unterscheidet. Der Schleierschwanz hat eine lange, oft überhängende, herabfließende und zweigeteilte Schwanzflosse, ähnlich einem zarten Schleier, und einen fast kugelförmigen Körper. Manche Formen haben aus dem Kopf hervortretende und sogar nach oben gedrehte Augen. Es gibt auch Schleierschwänze, die auf dem Kopf merkwürdige Gebilde in Form von kleinen Kämmen oder Kappen haben.

Eine sehr interessante Erscheinung ist die Farbanpassungsfähigkeit. In der Haut der Fische und anderer Wirbeltiere, wie der Amphibien und Reptilien, sind in Farbzellen, den sogenannten Chromatophoren, zahlreiche Farb- oder Pigmentkörnchen enthalten. In der Fischhaut überwiegen unter den Chromatophoren hauptsächlich schwarzbraune Melanophoren. Die Fischschuppen enthalten silbriges Guanin, das jenen Glanz hervorruft, der der Wasserwelt eine so zauberhafte Schönheit verleiht. Durch Zusammenziehung und Ausdehnung der Chromatophoren kann ein rascher Farbwechsel des ganzen Tieres oder eines Teiles seines Körpers entstehen. Diese Änderung entsteht mechanisch infolge von Reizen verschiedenster Art (Schreck, Kampf, Laichzeit) oder infolge Anpassung an die allernächste Umgebung; in diesem Falle wirkt der Gesichtseindruck reflektorisch auf die Farbänderung. Der Regenbogenglanz ist aber oft nur eine optische Erscheinung. Wer einmal Gelegenheit gehabt hat, in einem Seewasseraquarium Schollen zu betrachten, wie sie flach und mit der ganzen rechten oder linken Seite auf dem Sandboden liegen, konnte beobachten, daß dieser wunderliche Fisch rasch die Farbe wechselt, sobald er an einen anderen Ort gerät. Der Fisch hat stets das „Bestreben", sich seiner Umgebung derart anzugleichen, daß ihn seine Feinde, aber auch seine eigenen Beutetiere übersehen.

Die Fische vermögen sich aber auch zeitweilig oder dauernd der im Wasser vorhandenen Sauerstoffmenge, der Wassertemperatur und schließlich auch dem Wassermangel anzupassen. Noch heute beobachten wir schöne Beispiele derartiger Anpassungsfähigkeit nicht nur bei erhalten gebliebenen altertümlichen Formen, wie zum Beispiel den Molchfischen, sondern auch bei Fischarten unserer Zeit.

Zunächst von der Anpassungsfähigkeit der Molchfische. Auf der Welt leben drei Gattungen dieser Fische, die den großen Molchen etwas ähneln: in Afrika, in Südamerika und in Australien. Sie leben in kleinen Flüssen und Sümpfen, die in der Trockenzeit austrocknen, bei genügendem Wasserstand aber schlammig und trüb zu sein pflegen. Wenn genügend Wasser vorhanden ist, so daß es noch eine genügende Menge von Sauerstoff enthält, atmen sie auf normale Fischart mit Kiemen, nur bisweilen helfen sie durch Luftschnappen nach, denn sie haben außer Kiemen noch besondere Lungensäcke. Wenn der Sauerstoff im Wasser abnimmt oder das Wasser austrocknet, atmet der Molchfisch nur mit Hilfe der Lungensäcke, kriecht aus dem Sumpf und vergräbt sich schließlich im Schlamm und verfällt in den Sommerschlaf, der bis zu den ersten größeren Regenfällen andauert.

Einige Fische, wie unsere Bachforelle, benötigen zum normalen Leben verhältnismäßig viel Sauerstoff. Sie können deshalb in der Natur nur in fließendem Wasser leben, je kälter und reißender, desto besser. Versuchsweise wurde aber festgestellt, daß Forellen, die von zartester Jugend an im Aquarium gezüchtet wurden, kein fließendes Wasser benötigen; sie müssen nur kälteres oder ein wenig durchlüftetes Wasser haben. Dem weniger günstigen Milieu paßten sie sich dadurch an, daß sich die Fläche ihrer Kiemen vergrößerte, um mit jedem Atemzug mehr Sauerstoff aufnehmen zu können. Aquarienfreunden sind die Labyrinthfische sehr gut bekannt. Sie sind nach einem zusätzlichen Organ, mit dessen Hilfe sie Luftsauerstoff aufnehmen können, so benannt. Dies bedeutet eine wichtige Anpassung, denn sie leben zum Großteil in Schlammpfützen, in Reisfeldern und an ähnlichen Orten, wo schlechtes, faulendes Wasser vorhanden ist. Im Aquarium, wo das Wasser kristallklar ist, schnappen die Paradiesfische weniger häufig Luft als in einem Becken mit getrübtem Wasser.
Ein überzeugendes Beispiel, wie sich Lebewesen ihrer Umgebung anzupassen vermögen, sind lebendgebärende Fische, die sehr häufig in Aquarien gezüchtet werden. Es gibt viele Arten von ihnen, kleine und größere, bunte und weniger farbenprächtige, aber alle haben sie eine gemeinsame Eigenschaft – sie gebären verhältnismäßig gutentwickelte Junge, die schon keinen Dottersack mehr haben und sofort selbständig leben und kleine Beute jagen.

Schon der Paarungsakt dieser Fische unterscheidet sich wesentlich vom übrigen Laichen der Fische, weil die Männchen die reifen Eier direkt im Körper der Weibchen befruchten; diese stoßen dann in Intervallen von einigen Tagen Junge aus, die sogleich munter davonschwimmen.
Diese Fische leben in Mittel- und Südamerika, häufig in seichten Gewässern, in Pfützen und Lachen, wo sich nach Beendigung der Regenzeit der Wasserspiegel senkt und das Wasser fast oder ganz austrocknet, so daß der abgelegte Laich vernichtet würde. Diesen Verhältnissen sind die Fische derart angepaßt, daß sie imstande sind, aus den austrocknenden Pfützen in hohen Sprüngen herauszuschnellen – in Sprüngen, die im Verhältnis zu ihrer Körpergröße höher sind als die des Lachses – und dann so weiterspringen, bis sie zur nächsten Wasserstelle gelangen. Das befruchtete Weibchen gebärt die Brut hier und da in Sümpfen, je nachdem, wo es sich gerade aufhält, so daß die Aussicht besteht, daß wenigstens ein Teil der Brut, der in den günstigsten und tiefsten Morast abgelegt wurde, erhalten bleibt.
In den afrikanischen Tropen gibt es in Flußmündungen noch weit seltsamere Fische. Ihre Anpassung ist so weit fortgeschritten, daß sie nicht nur aus dem Wasser herauskriechen, sondern auch auf die Wurzeln der Uferbäume klettern. Es sind dies Kletterer aus der Familie der *Gobiidae*. Die Augen, die noch mehr hervorstehen als beim Frosch, liegen am Scheitel des Kopfes, damit sich die Fische auf dem Festland, wo viele Feinde lauern, gut orientieren

können. Wenn Gefahr droht, fliehen diese Fische zurück ins Wasser, indem sie den Körper heftig zusammenziehen und wieder strecken, so etwa wie die Raupen der Spanner.

Fische passen sich ihrer Umgebung vor allem durch ihre Körpergestalt an. Einerseits dient dies ihrem Schutze, andererseits ergibt es sich aus der Lebensweise der verschiedenen Fischarten. So haben zum Beispiel Karpfen und Karauschen einen kurzen und dicken Leib, weil sie sich hauptsächlich von unbeweglicher oder wenig beweglicher Nahrung ernähren und in der Regel keine größere Geschwindigkeit entwickeln müssen. Fische, die sich in den Grund einbohren, sind lang und schlank, Raubfische haben den Körper entweder seitlich beträchtlich abgeflacht wie der Barsch oder torpedoförmig wie Hecht, Zander oder Forelle, weil sie sich pfeilschnell auf ihre Beute stürzen müssen, wobei ihr Körper dem Wasser keinen großen Widerstand entgegensetzen darf. Aber im großen und ganzen hat die überwiegende Mehrzahl der Fische eine hydrodynamische Grundgestalt, die gut geeignet ist, das Wasser zu durchschneiden.

Manche Fische paßten sich je nach ihrer Lebensweise völlig anderen Bedingungen an, so daß sie fast nicht wie Fische aussehen. Es sind dies zum Beispiel die Seepferdchen, die an Stelle der Schwanzflosse einen Greifschwanz haben, mit dem sie sich an Algen und Korallen festhalten. Vorwärts gelangen sie durch wellenförmige Bewegung der Rückenflosse, also tatsächlich auf ungewöhnliche

Art. Die Seepferdchen ähneln ihrem Milieu so sehr, daß sie der Feind sehr leicht übersieht. Sie besitzen auch eine ausgezeichnete Schutzfarbe, grün oder braun, und manche Arten haben an ihrem Körper lange, flatternde Auswüchse, die Tangteilchen sehr ähnlich sehen.

In tropischen und subtropischen Meeren existieren Fische, die ihren Verfolgern dadurch entkommen, daß sie mit ihren breiten häutigen Brustflossen segelnd über den Wasserspiegel hinausschnellen und viele Meter weit durch die Luft fliegen. Das sind die bekannten fliegenden Fische. Zum Erleichtern des „Fliegens" entwickelte sich bei ihnen in der Körperhöhle eine ungewöhnlich umfangreiche Gasblase, die das relative Gewicht der Fische vermindert.

Der winzige Schützenfisch aus den Flüssen Südostasiens und Australiens hat sich ausgezeichnet der Jagd nach Fliegen und anderen fliegenden Insekten, die sich auf Pflanzen und verschiedenen, aus dem Wasser ragenden Gegenständen niederlassen, angepaßt; der Schützenfisch hält sich nämlich dicht unterhalb des Wasserspiegels auf, und beim Erblicken der Beute spritzt er aus dem Maul einen dünnen Wasserstrahl, mit dem er die Insekten auf die Wasseroberfläche niederschlägt.

Manche Fischarten, und zwar aus verschiedenen systematisch entfernten Gruppen, lernten im Laufe der Zeit, ihren Laich sehr weit von ihrem gewöhnlichen Aufenthaltsort abzulegen. Es sind dies zum Beispiel die lachsartigen Fische. Einst, vor der Eiszeit, besiedelten sie die Süßwasser ihres ursprünglichen Wohnsitzes, der Nordsee. Nach dem Verschwinden der Gletscher teilten sich die lachsartigen Fische in die heutigen Arten auf, von denen einige durch die Umstände zur Rückkehr ins Meer gezwungen wurden. Diese lachsartigen Fische, zu denen auch der bekannte große gemeine Lachs gehört, kehren aber zum Laichen ins Süßwasser zurück, von wo sie dann wieder ins Meer zurückschwimmen. Es wurden zum Beispiel markierte Lachse immer wieder aus demselben Fluß gefischt, wo sie bei ihrer Wanderung zum erstenmal gefangen worden waren. Es ist dies eine interessante Analogie zu den Vogelzügen im Frühjahr und im Herbst, die auch eine ganz bestimmte Bahn einhalten.

Noch interessanter verhält sich der Aal. Dieser Fisch mit schlangenartigem, schlüpfrigem Leib wird in den Tiefen des Atlantischen Ozeans ausgebrütet, wahrscheinlich in Tiefen bis zu 6000 Metern. In dieser kühlen, in tiefes Dunkel gehüllten Wasserwüste, die nur ausnahmsweise von phosphoreszierenden Lebewesen erhellt wird, werden aus zahlreichen Fischeiern, die vermutlich frei schweben, winzige, durchsichtige und blattförmig verbreiterte Aallarven ausgebrütet; sie leben drei Jahre im Meere, bevor sich aus ihnen wirkliche kleine Aale entwickeln. Diese treten dann in ungeheuren Massen ihre Reise ins Süßwasser an, wo sie durchschnittlich zehn Jahre lang verweilen. In dieser Zeit wachsen sie genügend heran und speichern Fettvorräte auf, um sich wieder auf den weiten Weg in die Tiefen des Atlantik zu begeben, aus denen sie dann niemals wieder zurückkehren. Der Aal ist dem Leben auf dem Grund ausgezeichnet angepaßt; sein Körper ist imstande, durch Schlammschichten durchzukriechen, sich in sie einzubohren und bei Nahrungsknappheit aus dem nassen Element herauszukriechen und sich auf dem Festland zum nächstliegenden Wasser zu begeben. Interessant ist auch die Anpassung seiner Farbe und Augenform vor der Wanderung ins Meer. Die bisher dunklen Aale bekommen unterwegs einen silbrigen Glanz, und die Augen vergrößern sich wesentlich. Diese Vergrößerung der Augen wird auf dem Weg zur Flußmündung beschleunigt, wo das Wasser teilweise salzig oder brackig ist. Sie läßt sich auch dadurch hervorrufen, daß man Zuchtaalen, die sich nicht auf die weite Hochzeitsreise begeben können, das Wasser entsprechend salzt.

Warum vergrößern sich bei den Aalen die Augen auf der Wanderung zum Ozean? Es ist die Anpassung an die dunklen Tiefen, wo es vorteilhaft ist, auch den allerkleinsten Strahl oder Abglanz des Lichtes auffangen zu können.

Manche Fische halten sich in Gewässern auf, in denen es zu wenig Plankton gibt (treibende Nahrung wie Daphnien, Mückenlarven und ähnliches) oder wo Mangel an Kleinlebewesen auf dem Grund herrscht. Die Fische vermögen sich aber auch dieser kargen Umgebung anzupassen, und zwar so, daß sie sich auf Beute spezialisieren, die auf dem Wasserspiegel schwimmt. In der Regel sind dies Fliegen.

Der kleine, ungefähr 20 cm lange Fisch *Anableps tetrophtalmus* aus Südamerika paßte sich besonders dem Fliegenfang auf dem Wasserspiegel an. Um sich dicht unter der Wasseroberfläche bewegen zu können, entwickelte sich bei ihm ein gerader langgezogener Rücken mit einer wie beim Hecht stark nach hinten verlagerten Flosse, und sein Auge teilte sich in zwei, fast selbständige Teile, einen oberen und einen unteren. Der untere Teil stellt ein normales Fischauge dar, und der Fisch sieht mit ihm unter Wasser; der obere Teil tritt wesentlich hervor, so daß er über den Wasserspiegel herausragt und der Fisch mit ihm die Umgebung überblicken und ertrinkende Insekten entdecken kann. Ich führte nur einige Beispiele aus der unerschöpflichen Menge der Anpassungsarten des Fischkörpers und seiner Eigenschaften an die Umgebung an, in der sie zu leben gezwungen sind. Und gleichermaßen wie diese Bewohner des Wasserreichs sind auch die übrigen Lebewesen fähig, sich mehr oder weniger anzupassen, um sich im Kampfe der Arten auf unserem Planeten erhalten zu können.

## Interessante Eigenschaften der Aquarienfische

Der Begriff „Aquarienfische“ läßt sich nicht scharf begrenzen. Nach Ansicht der „sattelfesten“ Aquarienfreunde sind dies zahlreiche Angehörige von ungefähr fünfzehn Fischfamilien (Seefische nicht mit eingerechnet), und zwar fast ausschließlich exotische, zum Großteil also aus fremden Ländern mit warmem Klima stammende. Zu ihnen werden mitunter auch der gemeine Stichling und der Bitterling gezählt. In Wirklichkeit läßt sich aber im Aquarium eine viel größere Zahl von Arten züchten. Da es aber gewöhnlich nur die Jungen zu großer Fische sind oder solche, die nicht durch Farbenpracht hervorragen, werden sie eigentlich nur zu Versuchszwecken gezüchtet.

Da es für Anfänger ziemlich beschwerlich ist, Seefische zu züchten, werden wir uns in unserem Büchlein nur mit den üblichen Aquarien-Süßwasserarten beschäftigen.

Alle Fische sind mindestens teilweise Fleischfresser. Auch wenn manche Arten imstande sind, sich von Pflanzen zu ernähren, ja sogar längere Zeit ohne sie nicht gut gedeihen können, verschmähen aber nicht einmal diese Arten das Fleisch anderer Lebewesen. Die meisten Fische sind sogar verwegene und zum Räuberhandwerk gut ausgerüstete Raubtiere. Auch die „unschuldigen" Lebendgebärenden oder die herrlichen Neonfischen jagen hauptsächlich die winzige Wasserfauna. Die Mehrzahl der Fische ist sogar dem eigenen Laich oder der Brut gefährlich. Deshalb ist es häufig notwendig, den Rogen sofort nach dem Laichen zu entfernen. Wir züchten freilich auch manche Fische, deren Laich und Brut sich der aufopfernden Pflege und des Schutzes eines oder beider Elternteile erfreuen. So verhalten sich besonders Angehörige der Gruppen, zu denen zum Beispiel Paradiesfische und Cichliden gehören.

Die Fische, die wir am häufigsten in Aquarien züchten, bemächtigen sich ihrer Beute auf verschiedene Weise. Die erste Art ist die am wenigsten dramatische und die häufigste. Die Fische fangen die ausgesetzten Daphnien, Enchyträen und andere ähnliche lebende Nahrung so, daß sie sich ihr so weit wie möglich nähern und mit einer raschen Bewegung des Maules die Beute ergreifen. Diese Art von Nahrung kann dem Fische nicht entkommen, und sie erfordert von ihm keine größere Mühe.

Eine andere Art ist die Jagd auf ertrinkende Insekten von der Wasseroberfläche. Gewöhnlich müssen die Insekten heftig in die Tiefe herabgerissen werden, damit der Widerstand der Luftbläschen, die an dem Gliedertier haften, und der Widerstand der Wasseroberflächenspannung überwunden werden. Die Fische sind auch fähig, aus dem Wasser emporzuschnellen, um die Insekten, die knapp über der Wasseroberfläche dahinfliegen oder auf einer Pflanze über dem Wasser sitzen, zu erhaschen.

Einen großen Regenwurm zum Beispiel verschlingt der Fisch auf die Weise, daß er ihn an einem Körperende ergreift und ihn mit ruckartigen Bewegungen in den Magen befördert.

Raubfische überfallen häufig ihre Beute mit einem plötzlichen Angriff aus dem Hinterhalt, aber nur wenige können sie geschickt verfolgen, wenn der Überfall mißglückt. Die Nahrung verschlingen sie im ganzen; wenn sie zu groß ist, versuchen sie, sie durch heftiges Schütteln oder heftiges Reißen zu zerteilen. Fische, die auch von Pflanzennahrung leben, beißen oder reißen die Teilchen ab. Der Fisch ergreift die Beute mit dem Maul, wobei er stark saugt. Er bedient sich also bei der Jagd kleinerer Lebewesen der gleichen Methode, mit der ein Staubsauger kleine Gegenstände vom Fußboden entfernt.

Alle Fische sind mit verhältnismäßig scharfen Sinnesorganen ausgestattet. Das empfindlichste ist unbestreitbar der Gesichtssinn, aber ein Fisch nimmt auch gut Geräusche und Gerüche wahr, die sich in den Wasserschichten ausbreiten. Daß viele Fische einen wählerischen Geschmack haben, das wissen nicht nur Aquarienfreunde, sondern auch Fischer, die manchmal genäschige Karpfen oder Bleie mit den raffiniertesten Leckerbissen ködern müssen, um sie an die Angel zu bekommen. Außer diesen Sinnesorganen besitzen die Fische noch ein besonderes Organ, mit dem sie den Wasserdruck bestimmen können, und das bei vielen Arten gut sichtbare sogenannte Seitenorgan, mit dem sie sich in der Wasserströmung orientieren. Alle Fische haben einen gut entwickelten Tastsinn, der nicht nur in zusätzlichen Organen untergebracht ist, wie zum Beispiel in den weichen Barthaaren bei karpfen-, stör- und welsartigen Fischen, sondern auch in geringerem Ausmaß auf der ganzen Körperoberfläche. Je schlechter ein Fisch auf größere Entfernung sieht, einen um so feineren Tastsinn hat er.

Die Sichtweite unter Wasser ist viel geringer als über Wasser. Während wir bei klarem Wetter in der Luft selbst bis mehrere Kilometer weit sehen, orientiert sich der Taucher dicht unter dem Wasserspiegel bei voller Beleuchtung und klarem Wasser kaum einige Meter weit. Deshalb sind Fische (ebenso wie Krebse und Kopffüßler) beträchtlich kurzsichtig im Vergleich zu vielen Säugern und Vögeln. Gegenstände, die nur einige Meter entfernt sind oder sich etwas oberhalb des Wasserspiegels bewegen, nehmen Fische nur als undeutliche Schatten wahr. Auf kürzere Entfernung aber sehen sie genügend scharf und unterscheiden auch eine begrenzte Farbenskala, wie durch Versuche erwiesen wurde. Manche Züchter behaupten, daß ihre Fische sie nach einiger Zeit erkennen, was aber in Wirklichkeit nicht möglich ist. Sie können sich nur an gewisse auffällige Farbkontraste der Kleidung oder an bestimmte, sich wiederholende Bewegungen beim Füttern gewöhnen, und das nur in dem engen Rahmen ihrer begrenzten Aufnahmefähigkeit. Ihren Pfleger sehen die Fische als riesige bewegliche Masse, und auf die gleiche Weise nehmen sie auch alle anderen Personen wahr, die sich dem Aquarium nähern.

In der Laichzeit sind die Fische am regsamsten und auch am feurigsten gefärbt. Zwischen den Männchen entbrennen dann oft Scharmützel und sogar blutige Kämpfe (Paradiesfische, Kampffische, Cichliden) oder zumindest Wettkämpfe, um das Weibchen zu gewinnen. Bei Lebendgebärenden und manchen anderen Fischen herrscht Vielweiberei oder auch Vielmännerei, während die überwiegende Zahl der anderen Fische zur Laichzeit (ausnahmsweise auch dauernd) isolierte Paare bildet. Die Fischmännchen aus der Familie der *Anabantidae* bauen auf dem Wasserspiegel schaumige Nester aus Luftblasen, in denen sich der Laich entwickelt. Die Fische aus der Familie der *Centrarchidae* höhlen seichte Gruben aus und hüten dort das abgelegte Laichsubstrat. Viele Angehörige aus der Familie der *Cichliden* zwingen häufig ihre Weibchen, ihren Laich an verschiedenen Verstecken abzulegen, zum Beispiel in Blumentöpfen. Andere Fische laichen auf Blättern von Wasserpflanzen oder in dichten Algenbüscheln. Stichlinge bauen zum Schutz und zur erfolgreichen Entwicklung des Laiches kunstvolle Nester aus Pflanzenteilen, und der winzige Zierfisch aus der Familie der *Characidae*, *Copeina arnoldi*, bringt seinen Laich im Sprung an Pflanzen oder im Aquarium an der Glasplatte über dem Wasser an.

Laich und Brut pflegt und hütet zum Großteil das Männchen, das häufig das Weibchen vertreiben muß, damit es nicht etwa aus lauter Liebe die eigene Nachkommenschaft auffrißt. Die Liebe des Männchens zur Brut ist freilich nur triebhaft, aber auch so ist sie bewundernswert. Nur bei der kleinen maulbrütenden Cichlide sorgt für die Nachkommenschaft meist das Weibchen, das den Rogen bis zum Ausbrüten im Maul trägt und dort auch die Jungen versteckt, wenn ihnen Gefahr droht.

Die Temperatur, die den Fischen behagt, ist verschieden. Die meisten üblichen Aquarienfischarten gedeihen bei einer Temperatur von 22–24°. Nur wenige Arten benötigen eine tiefere oder auch höhere Temperatur. Beim Laichen oder bei der Entwicklung des Rogens und der Brut muß die Temperatur manchmal etwas erhöht werden. Ein großer Fehler ist es, wenn man kälteliebenden Arten zum Zwecke rascheren Wachstums oder häufigen Laichens die Temperatur künstlich hochhält. Dadurch werden die Fische sehr empfindlich, und dies ist eine der Ursachen ihrer fortschreitenden Degeneration.

Eine andere Degenerationsursache ist die Zucht in unverhältnismäßig kleinen Becken und eine geringe Mannigfaltigkeit der Nahrung oder ungeeignete Nahrung. Auch der ständige Aufenthalt in sogenannten Gesellschaftsaquarien, wo mehrere Arten beisammen sind, gereicht den Fischen nur selten zum Vorteil. Häufig ist auch die Durchlüftung des Behälters überflüssig.

In den vorangegangenen Absätzen haben wir gesagt, daß fast alle Fische Raubtiere sind, die sich von der Jagd ernähren. Dieser Umstand ist die Quelle einer interessanten Beobachtung, aber mitunter auch die Quelle kleinerer oder größerer Schwierigkeiten bei der Beschaffung lebender Nahrung. Im allgemeinen beschafft man für kleine Fische leichter Nahrung als für große, aber bei der ausgekrochenen Brut pflegt dies gerade umgekehrt zu sein.

Das üblichste Futter für Aquarienfische sind winzige krebsartige Gliederfüßler, die in großer Menge in stehenden Gewässern vorkommen. Es sind dies

Wasserflöhe *(Daphnia* und andere Gattungen) und Hüpferlinge *(Cyclops* und ähnliche). Sie bewegen sich im Wasser mit sonderbaren Sprüngen, indem sie sich mit den stark verlängerten Fühlern abstoßen. Die Aquarianer nennen sie eigentlich zu Unrecht „Wasserflöhe", denn mit den Schmarotzern des Menschen und anderer warmblütiger Lebewesen haben weder Wasserflöhe noch Hüpferlinge etwas gemein. Junge Wasserflöhe und die Larvenstadien *(Nauplien)* der Hüpferlinge sind eine ausgezeichnete Nahrung für Fischbrut. In der Sprache der Aquarienliebhaber nennt man solche wimmelnden Kleinstlebewesen, die dem Auge einzeln schwer sichtbar sind, „Staub". Aber wenn die Fische in der Natur auch am häufigsten der Nahrung nachjagen, von der am meisten vorhanden ist, so ernähren sie sich doch nicht ausschließlich von diesen Krustentieren. Der reichgedeckte Tisch der Natur bietet ihnen jederzeit die Möglichkeit, eine andere Art von Nahrung zu erjagen. Die Aquarienfreunde sollten dies berücksichtigen und womöglich das Futter wechseln. Manchmal ist dies beschwerlich, zum Beispiel im Winter, aber zur Frühlings- und Sommerszeit bietet sich die Mannigfaltigkeit der Nahrung von selbst an. Besonders Mückenlarven und Zuckmücken sind kleinen Fischen eine willkommene Abwechslung, genauso wie Enchyträen, die man bequem zu Hause züchten kann.

Größere Fische dauernd mit Daphnien zu füttern, ist unrichtig und unnatürlich. Es muß daran erinnert werden, daß die vorteilhafteste Nahrung

für etwas entwickeltere Paradiesfische Regenwürmer sind, die sich gleichermaßen bei Cichliden, Barschen, Schleierschwänzen und fast bei allen etwas größeren Fischen bewähren. Pfauenaugenbarsche, Prachtkärpflinge und räuberische Cichliden jagen eifrig Kaulquappen und kleine Fische und gedeihen bei dieser Nahrung am besten. Das Fischlein Gymnocorymbus („Trauermantel-Salmler") fängt hauptsächlich ertrinkende Insekten und fliegt blitzschnell zur Oberfläche, um sie zu erhaschen. An diese natürliche Nahrung müssen sich die Fische häufig erst gewöhnen, denn möglicherweise sind sie ihrer schon nach einigen Generationen unrichtiger Zucht entwöhnt. Deshalb soll sich der Aquarienliebhaber womöglich junge Fische anschaffen, die sich leichter in das richtige Lebensmilieu, das er ihnen bietet, hineinfinden.
Viele Fische sind imstande, nach dem über dem Wasserspiegel dargebotenen Bissen zu springen und ihn mit Sicherheit zu schnappen. Mit der Zeit gewöhnen sie sich so daran, daß man sie mit der hohlen Hand fangen und hochheben kann, ohne daß sie die erhaschte Nahrung loslassen.
Wer sich mit der Aquarienkunde noch nicht befaßt hat, ist für gewöhnlich der Meinung, daß die Fische nur so hin- und herschwimmen und ihre bunte Färbung bewundern lassen. Der Aquarienfreund aber weiß, daß das Verhalten der Fische zweckmäßig für die Existenz in einer Umgebung ist, die sich so grundsätzlich von unserer eigenen
 Umgebung unterscheidet. Das Wasser stellt an

Lebewesen, die es dauernd besiedeln, ganz andere Anforderungen als die freie Atmosphäre. Das Gesetz der Schwere äußert sich auf dem Festland weit ausgeprägter als im Wasser, das alle Gegenstände bedeutend leichter macht. Wasser ist aber viel dichter als Luft und erschwert eine schnelle Bewegung auf weitere Entfernung. Den Fischen entsprechen im Luftreich die Vögel, die genauso elegant und gewandt durch die Luft segeln wie die Fische in den kristallklaren Wasserschichten. Die physischen Fähigkeiten der Fische sind bedeutend, und ihre Muskelkraft sowie die Elastizität ihres Körpers sind bewundernswürdig. Sie wissen selbst, daß, wenn aus dem Aquarium ein unbedeutendes Fischlein, wie das Männchen des Pfauenauges, herausspringt, es auf der Erde mit großer Vehemenz und echtem „sportlichem" Elan herumspringt und man es nur schwer fangen kann. Dabei übertrifft die Länge seiner Sprünge oft mehr als das Zwanzigfache seiner Körperlänge. Alle heftigen Bewegungen innerhalb und außerhalb des Wassers entstehen einzig und allein mit Hilfe der Schwanzflosse. Nur Seenadeln und Seepferdchen bewegen sich ausschließlich durch wellenförmige Bewegungen der Rückenflosse.

Ein erschreckter und die Beute angreifender Fisch entwickelt auf kurze Entfernung große Geschwindigkeit. Bei Gefahr sucht er sich zwischen Pflanzen und Steinen zu verbergen oder er bohrt sich in den weichen Grund ein, wobei er das Wasser trübt, um unbeobachtet entkommen zu können.

Durch Versuche wurde bewiesen, daß Fische

nicht nur ein sehr gutes Ortsgedächtnis besitzen, sondern auch in gewissem Maße Erfahrungen sammeln und anwenden. Individualität zeigt sich eher bei größeren Arten. Unter gleichen Bedingungen ist mancher Fisch vertrauensvoller, ein anderer bleibt scheu, mancher ist raubgieriger und kämpferischer, ein anderer friedlicher.

Die Fische gewöhnen sich an einen bestimmten Futterplatz, und von welcher Seite auch immer wir uns dem Becken nähern, die Fische reagieren sofort und kommen zum Futterring geschwommen, ohne Rücksicht darauf, wo wir gerade stehen. Sie lassen sich ebenfalls leicht auf eine bestimmte Futterzeit dressieren, und zwar ziemlich genau. Einen ähnlichen bedingten Reflex kann eine auffallende Farbe oder ein stärkerer Ton, zum Beispiel wiederholtes Pfeifen zur Fütterungszeit, hervorrufen.

In der Natur sind Fische eher hungrig als satt, so daß sie sich den ganzen Tag der Nahrungssuche widmen. Diese Eigenschaft, den angeborenen Selbsterhaltungstrieb, bringen sie mit ins Aquarium, wo sie allerdings bei kleinerer Bewegungsmöglichkeit leicht dick werden und dann ihre Regsamkeit verlieren. Deshalb muß vorsichtig gefüttert werden, eher zu wenig als zu viel.

## Die Einrichtung eines Aquariums

Dieses Kapitel ist für Anfänger bestimmt, die sich der Aquarienhaltung widmen wollen. Erfahrene Aquarienfreunde wissen bereits alles, was zur Einrichtung eines solchen Beckens nötig ist. Sie haben auch über verschiedene Details verschiedene Ansichten, wobei sie aber im großen ganzen in den Hauptgrundsätzen übereinstimmen.

Es gibt zweierlei Aquarien, entweder Gestellaquarien (Winkeleisenrahmen mit eingesetzten Glasscheiben) oder Vollglasaquarien. Erstere finden die weiteste Verbreitung, die anderen benutzt man heute eher als Hilfsbehälter beim Verlegen und Laichen der Fische, zum Isolieren und Pflegen kranker Stücke, von Rogen und Jungbrut. Gestellaquarium und Vollglasaquarium unterscheiden sich nicht nur durch die Art der Herstellung, sondern vor allem durch ihre praktische Verwendungsmöglichkeit.

Vollglasaquarien werden aus gegossenem Glas hergestellt, das verschiedenartig geschichtet ist. Deshalb sind die Wände eines derartigen Aquariums niemals ganz durchsichtig, ja sie verzeichnen sogar die Formen der beobachteten Fische. Außerdem setzen sich an dem nicht ganz glatten Glas des Vollglasaquariums leicht Algen an, die zu entfernen mühevoller ist als die Reinigung von Wänden aus glattem Tafel- oder gar Spiegelglas. Es ist sehr unangenehm, wenn ein

Vollglasaquarium plötzlich springt und sein Inhalt ausfließt. Häufig verschuldet ein kleines Sandkorn unter dem Boden das Springen. Deshalb soll ein Vollglasaquarium immer auf einer von Sand gut gereinigten Filzunterlage stehen.

Die Metallgerüste sind Rahmen aus Winkeleisen. Der Boden ist gewöhnlich aus besonders starkem Glas, die Seitenwände aus gutem, nicht zu dünnem, fehlerfreiem Glas. Zum Befestigen der Wände und des Bodens eignet sich nur guter Kitt ohne schädliche Beimengungen, die durch Auslaugen ins Wasser die Fische vergiften würden. Das frisch verkittete Becken lassen wir nicht austrocknen, es muß im Gegenteil sofort mit Wasser gefüllt werden, zunächst vorsichtig, damit man merkt, wo eventuell noch Wasser durchsickert und der Fehler behoben werden kann, worauf man das Aquarium mindestens eine Woche lang stehen läßt. Der Kitt klebt am besten durch den Wasserdruck an das Metall und an das feste Glas an.

Oben wird das neu eingerichtete Aquarium zunächst mit Grundfarbe angestrichen und darüber gewöhnlich mit weißem oder gelblich-weißem Lack gestrichen, der sehr dauerhaft ist. Weniger dauerhaft ist ein Aluminiumanstrich, den man öfters ausbessern muß. Es empfiehlt sich, die inneren Kanten des Beckens dort, wo sich die Glaswände berühren, mit einem Gemisch von Harz und Bienenwachs zu verschmieren. Dadurch wird der Kontakt zwischen Wasser und Kitt verhindert.

Die Ausmaße der im allgemeinen benutzten Aquarien sind bisher noch nicht genormt, und des-

halb bedienen sich die Aquarienfreunde Behälter verschiedener Ausmaße. Manchmal sind sie aber zu klein. Der Fisch muß zur gedeihlichen Entwicklung wenigstens den unbedingt notwendigen Raum zur Verfügung haben. Soweit nur irgend möglich, sollen die Aquarien in einer Größe von mindestens $40 \times 25 \times 25$ cm angelegt werden.
Dies bezieht sich selbstverständlich nicht auf solche Vollglasaquarien, die lediglich für Hilfszwecke bestimmt sind.

Nach einer Woche entleert man das Aquarium und bereitet es für die Fischzucht vor. Auf den Boden streut man eine Schicht feinen, gut ausgewaschenen Flußsand, darauf eine Schicht gröberen Sand. Die eigentliche Ausstattung des Beckens kann freilich je nach Geschmack und Können des Züchters verschiedenartig sein. Je geräumiger das Becken, um so besser und natürlicher läßt es sich einrichten. Viele Aquarienfreunde schaffen in ihrem Becken ein getreues Abbild eines wirklichen Tümpels mit unterschiedlicher Bodenhöhe und allen Einzelheiten, die trotz ihrer Geringfügigkeit eine notwendige Ergänzung des zauberhaften Bildes sind. Auch ein einfach eingerichtetes Aquarium kann sehr hübsch sein; und wenn es richtig aufgestellt wird, ist es eine sehr schöne Ergänzung der Wohnungseinrichtung.

Wo stellt man das Becken hin? Am besten dorthin, wo Tageslicht teilweise von oben und von der Seite einfällt, keinesfalls aber auf ein Fenster, wohin einige Stunden die Sonne scheint. Man soll die Fische auch nicht gegen das Licht beobachten, denn so verschwindet der Glanz, von dem das Licht reflektieren soll. Das Aquarium kann man dann auf einem Tisch oder auch einem anderen Möbelstück aufstellen, aber am richtigsten ist seine Unterbringung auf einem metallenen Spezialgestell. Große Gestelle aus geschweißtem Rahmeneisen ermöglichen die Aufstellung mehrerer Becken gleicher Größe.

Direkte Sonnenbestrahlung unterstützt im Becken die Entwicklung von Algen, besonders von grünen, die die Glasscheiben derart bedecken, daß sie in kurzer Zeit ganz undurchsichtig werden. Deshalb ist es im Bedarfsfall nötig, den Teil des Beckens, der dem Licht ausgesetzt ist, während der Bestrahlungsdauer mit grünem Seidenpapier oder dünnem, grünem Stoff zu verdecken, denn Unterwasserpflanzen brauchen nicht soviel Licht wie die Mehrzahl der Land- oder Sumpfpflanzen. Der Algenbelag wird von der Vorder- und Seitenwand mit einem Läppchen entfernt; Metallgegenstände (z. B. Rasierklingen) zerkratzen mit der Zeit auch bei größter Vorsicht das Glas. Hinten und manchmal auch an einer der Seitenwände kann man den Algenbelag belassen, sofern er zusammenhängt und einen schönen grünen Belag bildet. Bläuliche oder braune Algen sind nicht schön und müssen immer entfernt werden.

Wenn wir Sand im Becken haben, ist es wichtig, in richtiger Weise geeignete Wasserpflanzen auszusetzen, die man manchmal ganz fälschlich „Wassergras“ nennt. Die Pflanzen setzt man entweder mit oder ohne Wurzeln ein, je nachdem,

ob eine Pflanzensorte nur mit ausgebildeten Wurzeln oder ohne diese sich einzuwurzeln vermag und nachträglich noch Wurzeln ausbilden kann. Ins Aquarium kann man mehrere Arten auf einmal pflanzen, aber immer in selbständigen Gruppen, damit sie sich beim Weiterwachsen nicht gegenseitig behindern und kein unschönes und undurchlässiges Geflecht bilden. Natürlich müssen wir solche Pflanzen auswählen, die sich für die Ausmaße des Beckens eignen. Es könnte leicht geschehen, daß manche Pflanzen durch ihr Wachstum alle anderen verdrängen oder daß für sie im Becken der Platz nicht ausreicht. Auch sollte man nach Möglichkeit das Aquarium mit solchen Gewächsen bepflanzen, die in jenen Gewässern gedeihen, in denen Fische aus den verschiedenen Erdteilen leben. Manchen wird vielleicht diese Forderung übertrieben oder schwer erfüllbar erscheinen. Der moderne Aquarienfreund hat aber so viele Arten von Wasserpflanzen zur Verfügung, daß es heute nicht einmal dem Anfänger besondere Schwierigkeiten bereitet, den Fischen mit Hilfe von Pflanzen aus ihrer fernen Heimat die natürlichste Umgebung einzurichten.
Manchmal läßt sich aus technischen Gründen das Becken nicht an einem genügend hellen Platze aufstellen. Auch leiden die Pflanzen häufig im Winter unter Lichtmangel.
Pflanzen haben in den Aquarien eine ungemein wichtige Aufgabe; sie schaffen die geeignete Umgebung. Durch Assimilation liefern sie dem beschränkten Raum, in den sie eingesetzt wurden,

einerseits den nötigen Sauerstoff und verbrauchen andererseits Kohlendioxyd, das in höherer Konzentration die Lebewesen gefährden würde. Sauerstoff scheiden die Pflanzen nur bei Beleuchtung aus; im Dunkeln hingegen scheiden sie Kohlendioxyd aus, wenn auch nicht in so großer Menge wie tagsüber Sauerstoff. Wenn daher das Aquarium richtig an einem hellen, aber keinesfalls direkt der Sonne ausgesetzten Platz aufgestellt ist, entwickeln die grünen Pflanzen und Algen in Zusammenarbeit mit mikroskopischen Organismen ihre nützliche Tätigkeit, das organische Gleichgewicht im gegebenen Raum zu stabilisieren.

Wenn wir aber das Becken nicht ans Licht stellen können, ermöglichen wir den Pflanzen ihr Gedeihen durch künstliches Licht.

Auch wenn Wasserpflanzen nicht soviel Licht benötigen wie Festlandpflanzen, so ist zur Bestrahlung einer größeren Wasserfläche immerhin eine mittelstarke Glühbirne notwendig. Am besten verwendet man zur Beleuchtung eines 50-Liter-Gefäßes eine 25-Wattlampe und für ein 100-Liter-Gefäß eine 40-Wattlampe. Die Lichtquelle muß dicht über dem Wasserspiegel aufgehängt werden, damit das Licht möglichst tief in die Wasserschichten eindringen kann. Ein zu großes oder zu langes Aquarium erfordert mindestens zwei Glühbirnen, die entsprechend angebracht werden müssen. Der Lichteffekt läßt sich sehr vorteilhaft mit Hilfe von Spiegeln erhöhen, die eine Beleuchtung auch solcher Stellen ermöglichen, zu denen direktes Licht nicht hinreichend gelangt.

Die Bestrahlung soll täglich 8–12 Stunden dauern. Schon kurz nach Einschalten des Lichtes können wir beobachten, wie aus verschiedenen Pflanzenteilen in kleinen Bläschen Sauerstoff entweicht, anfangs langsam und dann in ununterbrochenem Strom. Die Pflanzen beginnen zu assimilieren.
Die Glühbirnen erwärmen aber auch die Wasseroberfläche. Je kleiner der Behälter ist, um so leichter erwärmt sich das Wasser in ihm. Daher ist es nötig, die Glühbirnen so aufzuhängen, daß zwischen ihnen und dem Wasserspiegel ein Abstand von mindestens 5 cm, beziehungsweise höchstens 30 cm besteht, je nachdem, wie es die Umstände erfordern. Das Licht muß stets von oben oder wenigstens schräg einfallen.
Manche Aquaristen und Aussteller öffentlicher Aquarien bringen die Lichtquellen so an, daß sie verdeckt sind und bei der Beobachtung nicht stören. Dadurch erhöhen sich die Effekte weicher Beleuchtung, und der Anblick eines derartigen Behälters mit gut maskierten Glühbirnen ist sehr hübsch. In letzter Zeit benutzt man mit gutem Erfolg Leuchtröhren.

## Aquarienpflanzen

Die landläufigen Arten der Wasserpflanzen gehören zu den Gattungen *Vallisneria*, *Sagittaria*, *Cabomba*, *Anacharis*, *Myriophyllum*, *Anubias*, *Ambulia*, *Cryptocoryne*, *Ceratophyllum*, *Fontinalis*, *Acorus*, *Hygrophila*, *Ceratopteris*, *Echinodorus*, *Heteranthera*, *Ludwigia*, *Nitella* und noch anderen. Es sind untergetauchte

*Vallisneria spiralis*

*Cryptocoryne ciliata.*

*Anacharis canadensis*

*Cryptocoryne willisii*

*Ambulia heterophyla*

*Aponogeton ulvaceus*

*Hygrophila polysperma*

*Ludwigia mullertii*

Pflanzen, die während ihrer ganzen Vegetationszeit unter Wasser wachsen, nur ihre Blüten erheben sich über dem Wasserspiegel. Manche dieser Pflanzen gehören zu Sumpfformen, die sich durch die Zucht in Aquarien ausschließlich dem Leben unter Wasser angepaßt haben wie zum Beispiel die Gattung *Acorus*.

In größeren Becken kann man auch leicht solche Pflanzen züchten, die ihre Blätter auf der Wasseroberfläche ausbreiten, wie die Seerosen, *Eichhornia* und viele andere; außer ihnen kennen wir noch Schwimmpflanzen, die mit ihren Wurzeln nicht auf dem Grund des Aquariums verankert sind und die Nährstoffe direkt dem Wasser entnehmen. Die bekannteste derartige Pflanze ist das Wasser-Lebermoos *(Riccia)*.

Untergetauchte Pflanzen setzt man in Sand oder Lehm ein, je nach der Art der Anforderungen, die sie an die Nährstoffe des Bodens stellen. Seerosen und einige andere Pflanzen muß man in Blumentöpfe mit guter Erde einsetzen, die in den sandigen Bodengrund versenkt werden, so daß es scheint, als wüchsen sie direkt aus dem Sande heraus. Die Mehrzahl der Pflanzen erwerben wir als Setzlinge. Nur wenige Arten wachsen im Aquarium aus Samen, bei uns hauptsächlich See- und Teichrosen. Auf vorbezeichnete Stellen sticht man in den Sand mit einem länglichen Holz kleine Gruben, in die man die Pflanzen vorsichtig einsetzt und sie mit Sand zuscharrt. Manchmal ist es gut, die zugescharrte Stelle mit einem Steinchen zu beschweren, damit das Pflänzchen, solange es nicht eingewurzelt ist, durch die Bewegung des Wassers nicht herausgezogen wird. In den Sand versenken wir die Wurzeln und ein kleines Stückchen des unteren Stengelteiles. Wenn die Pflanzen Wurzeln schlagen, fangen sie nach einer bestimmten Zeit an, mächtige Pflanzenstöcke zu entwickeln oder Ableger auszusenden, die man abzwicken und wieder einsetzen kann. Man muß darauf achten, daß diese Ausläufer nicht in Pflanzengruppen einer anderen Art hineinwachsen und so Verwirrung in der Einrichtung des Beckens anrichten. Das vorbereitete Aquarium wird erst nach dem Einsetzen der Pflanzen mit Wasser gefüllt.

Nunmehr kehren wir zu den einzelnen Pflanzengattungen zurück, wie wir sie teilweise oben aufgezählt haben. Fast alle Gattungen umfassen eine größere Anzahl von Arten. Da es am besten ist, das Aquarium mit Pflanzen aus den Gebieten zu besiedeln, aus denen die Fischart stammt, die zu züchten wir uns entschlossen haben, teilen wir die Pflanzen nach Erdteilen ein. Aus Afrika stammen die Gattungen *Anubias*, *Aponogeton*, (kommt auch in Indien vor), *Hydrilla* (gleichfalls in Europa, Asien und Australien), *Chamaegigas* und einige Arten der Gattungen *Ludwigia*, *Marsilia*, *Nymphaea* (Seerose), *Ottelia* und *Villarsia*. Aus Afrika haben wir verhältnismäßig wenig Aquarienpflanzen; auch wenn ich manche seltenere Gruppen nicht genannt habe, kann man wohl behaupten, daß ein „Afrikanisches“ Aquarium einzurichten, Schwierigkeiten bereitet. Allein von den Seerosen und Sumpfgewächsen gibt es eine große Anzahl von Arten.

Dafür gibt es genügend asiatische und amerikanische Pflanzen, und zwar in großem Formenreichtum. Von den asiatischen sind es besonders die Gattungen *Acorus*, *Aponogeton*, *Bacopa*, *Brasenia*, *Cryptocoryne*, *Cardamine*, *Ceratopteris*, *Hydrilla*, *Isoetes*, *Limnanthemum*, *Ludwigia*, *Neptunia*, *Nymphaea*, *Ottelia*, *Sagittaria*, *Utricularia* und noch einige andere. Von den amerikanischen Gattungen sind in den Aquarien die größte Anzahl vertreten. Häufig werden verschiedene Arten der Gattungen *Bacopa*, *Cabomba*, *Ceratopteris*, *Echinodorus*, *Eichhornia*, *Heteranthera*, *Hydrocleis*, *Limnanthemum*, *Ludwigia*, *Marsilia*, *Myriophyllum*, *Najas*, *Nuphar*, *Nymphaea*, *Pontederia*, *Potamogeton*, *Vallisneria* und so weiter gezüchtet. Manche Gattungen sind durch spezifische Arten auch in mehreren Erdteilen vertreten, weshalb man eine solche Art auswählen soll, die in einem bestimmten Gebiet vorkommt. Zum Beispiel *Aponogeton nudiflorus* gedeiht in Ostafrika, *Aponogeton ulvaceus* auf Madagaskar, *Aponogeton natans* auf Ceylon und in Indien.

Sofern sie das benötigte Licht in hinreichender Menge haben, sei es nun natürliches oder künstliches, sowie geeigneten Boden und genügend hohen Wasserstand, gedeihen die Pflanzen ungewöhnlich gut. Manche brauchen mehr alkalisches, andere mehr saures Wasser. Diese Unterschiede aber wirken auf Pflanzen nicht in dem Maße wie auf Fische, die bisweilen gegen die Zusammensetzung des Wassers sehr empfindlich sind. Pflanzen werden fast von keinen Krankheiten befallen, die sie dezimieren könnten. Dafür aber schaden ihnen zu starke Veralgung und einige Schneckenarten. Besonders schädlich ist die Große Schlammschnekke *(Lymnaea stagnalis)*, die die zarteren Blätter der Wasserpflanzen bis auf die Stengel abnagt. Sie ist auch darum gefährlich, weil sie sich sehr rasch vermehrt.

Im Aquarium kommen mehrere Algenarten vor, von denen die Grünalgen die am verbreitetsten sind.

In unseren Becken kommen sie in verschiedenen Arten vor, die einen freischwimmend, die anderen festgewachsen. Die mikroskopisch kleine schwimmende Alge vermehrt sich erstaunlich rasch und färbt in wenigen Tagen das Wasser grün. Den Fischen verursacht die Vermehrung der Algen scheinbar keine Beschwerden, aber das Becken wird rasch völlig undurchsichtig. Es bleibt nichts anderes übrig, als das Wasser zu wechseln und zu filtrieren. Da Grünalgen Chlorophyll enthalten und daher Licht brauchen, ist es gut, das von ihnen befallene Becken auch zu beschatten. Von einer zarten Grünalge, die an den Beckenwänden und manchmal auch am Bodengrund zusammenhängende Beläge bildet, sprachen wir schon in dem Absatz über den Einfluß zu starker Beleuchtung auf die Entwicklung der Algen. Es ist im großen ganzen eine unschädliche Alge, und wenn nicht Schnecken aus ihren Belägen häßliche kahle Wege herausbissen und so die zusammenhängende Grünfläche beschädigten, wäre sie für die Rück- und Seitenwände der Aquarien eine durchaus passende Ergänzung.

Ärger ist schon die Fadenalge, die sich an Glas und auch an Pflanzen festsetzt. Obwohl sie für Pflanzen unschädlich ist, hält sie sich sehr fest an ihnen, wächst an ihren Stengeln und Blättern empor, und man muß darauf achten, daß mit der Alge nicht die ganze Pflanze herausgezogen wird. Häufig verfitzen sich die Fische im dichten Gewirr dieser Algen und können sich nur mit Mühe durch sie durchzwängen. Die Fadenalge bewächst auch die Glaswände.

Weniger Licht zum Leben benötigt die Braunalge, die an den Gefäßwänden unschöne, graubraune oder gelbbraune Beläge bildet. Ein Aquarium, das von dieser Alge befallen wurde, muß gut gereinigt, mit abgestandenem oder Regenwasser angefüllt und ans Licht gestellt werden. Interessant, aber im Becken unangenehm, sind die Blaualgen. Sie verursachen entweder die sogenannte Wasserblüte, bei der sich das Wasser im Becken trübt und sich an der Oberfläche eine feine Haut bildet (*Clathrocystis aeruginosa*, *Aphanizomenon flos aquae* und andere) oder sie bildet am Boden einen zusammenhängenden blaugrünen, unangenehm nach Schlamm stinkenden Belag, der in den Sand hineinwächst, so daß man ganze Stücke der oberen Sandschicht entfernen muß, um das Aussehen des Beckens wieder zu verbessern (Arten der Gattung *Oscillatoria*). Manchmal setzen sich diese Algen auch am Glas fest und bilden hier einen Belag, den man abschälen kann.

Manche Fische ergänzen ihren Speisezettel durch Benagen der Grünalgen, ja, es existieren sogar

einige Arten, die, ohne Algen zu fressen, nicht auskommen. Die meisten Algen werden von Schnekken konsumiert, leider aber keineswegs gleichmäßig, so daß sie sich als Reinigungsfaktoren nicht eignen. In der Natur ernähren sich die Kaulquappen verschiedener Froscharten gern von Algen.
Zu den Algen gehört aber auch ein wertvoller Bestandteil der Flora unserer Aquarien. Es sind dies Algen aus der Gruppe der *Nitellen*, die durch Wuchs und Gestalt an viel höhere Pflanzen erinnern. Am häufigsten sind dies Arten der Gattung *Nitella.* Kleine Fische suchen gern im Dickicht der Nitellen Unterschlupf *(N. opaca, N. flexilis)*, und für viele Arten ist diese Alge unschätzbar, besonders zur Laichzeit, wenn die Fische ihren Rogen in sie ablegen. Die Nitella finden wir verschiedentlich in stehenden Gewässern, manchmal auch in Bächen.
Wenn wir Fische mit Fleischstückchen, Regenwürmern und ähnlichem füttern, können wir beobachten, daß an einem unbeachteten oder liegengebliebenen Stückchen nach zwei bis drei Tagen ein dichter, weißer oder auch farbiger Schimmelpilz herauswächst, der nach kurzer Zeit mit Hilfe verschiedener Bakterien das Nahrungsteilchen vollständig auflöst. Das ist ein Pilz aus der Gattung der *Saprolegnia.* Obwohl es den Anschein hat, daß er ganz und gar harmlos auf faulenden organischen Resten vegetiert, kann er verwundeten Fischen, der Brut und dem Laich gefährlich werden. Das Pilz-Mycel wächst in die Muskulatur ein und zerstört sie allmählich, so daß der befallene

Fisch oder der Laich zugrunde geht. Ähnlich vernichtend können sich Arten der Gattung *Achlya* erweisen.

Das Einwurzeln der Pflanzen dauert einige Tage. In dieser Zeit klärt sich auch das Wasser, und bald entsteht ein gewisses biologisches Gleichgewicht. Am besten läßt man das Aquarium einige Wochen in Ruhe, bis die Pflanzen schon etwas gewachsen sind, damit man noch verschiedenes vor dem Aussetzen der Fische verbessern kann. Es lassen sich auch noch unerwünschte tierische Parasiten, die sich womöglich im Becken gezeigt haben, feststellen und rechtzeitig vernichten.

## Wasser, Durchlüftung und Filtrierung

Wenn die Pflänzchen zweckgemäß in den Sand am Boden des Aquariums eingesetzt sind, und das Becken an seinem definitiven Platz aufgestellt ist, wird Wasser eingelassen. Wollten wir das Wasser direkt auf den Grund gießen, würde der Sand aufgewirbelt. Deshalb legt man am besten auf den Aquarienboden, beziehungsweise über die eingesetzten Pflanzen, vorsichtig ein Stück festeres, in der Mitte etwas eingedelltes Papier, auf das wir nicht zu heftig Wasser gießen. Wenn das Becken größer ist, benutzen wir einen entsprechend langen Gummischlauch, den wir entweder an die Wasserleitung anschließen oder mit einem Ende in ein größeres, mit Wasser gefülltes Gefäß (Topf, Eimer) tauchen, das höher als das Aquarium steht.

Auch beim Auslassen des Wassers bewährt sich am besten ein Schlauch, durch den wir das Wasser in ein tiefer stehendes Gefäß abfließen lassen können.

Das beste Wasser für Aquarien wäre wohl Wasser aus reinen Bächen oder Waldtümpeln, aber auch gewöhnliches Leitungs- oder Brunnenwasser eignet sich ganz gut, wenn es nicht vollständig frisch ist. Freilich benötigen Rogen und Brut mancher Fische Regen- oder anderes Wasser, je nachdem, wie sie auf seinen Alkaligehalt, auf seinen Gehalt an organischen Stoffen, Kohlendioxyd und ähnlichem reagieren.

Je alkalischer das Wasser ist, desto härter und reiner ist es gewöhnlich, aber gerade deshalb, weil es keine größere Menge organischer Stoffe enthält, ist es ärmer an Lebewesen. Ideal ist Wasser, das bereits schwach verunreinigt und dadurch nicht völlig durchsichtig ist und in dem sich bereits Fäulnismikroorganismen zu vermehren beginnen. Unsere Wässer sind eher alkalisch, deshalb ist es bisweilen nötig, sie leicht anzusäuern. Für diesen Zweck ist Torf am geeignetsten.

Der Säuregehalt des Wassers wird am genauesten elektrometrisch gemessen, aber den Aquarienfreunden genügt gewöhnlich die Messung mit dem Kolorimeter. Das ist eine Farbenskala, die verschieden auf die PH-Intensität reagiert, meistens ist sie von 1—10 unterteilt.

Das mit Wasser gefüllte Becken bedecken wir mit Glasplatten, und zwar meistens mit zweien, zwischen denen wir einen engeren Zwischenraum zwecks Luftaustausches belassen. Sofern wir Fische zu züchten gedenken, die gewandt aus dem Bekken herausspringen könnten, ist es besser, den entstandenen Zwischenraum oben mit einem Stück Drahtgeflecht abzudecken. Die Glasscheiben verhindern das Verstauben des Wasserspiegels und unterhalten zwischen sich und der Wasseroberfläche eine ansehnliche relative Luftfeuchtigkeit, die wichtig für blühende Pflanzen ist, deren Blüten sich über dem Wasserspiegel öffnen und gegen Austrocknung sehr empfindlich sind. Für die Fische ist es hingegen besser, die Deckgläser von Zeit zu Zeit abzuheben und so den Luftwechsel zu erleichtern. Bei einer vorhandenen Durchlüftungseinrichtung ist dies natürlich nicht notwendig.

Das neueingerichtete Becken füllen wir zunächst nur bis zur Hälfte an, und erst nach einigen Tagen ergänzen wir den Wasserstand zur erforderlichen Höhe. Dadurch „gewöhnt" sich das Aquarium an den Druck. Das angefüllte Becken soll man jetzt nicht mehr verrücken, und man tut gut daran, in seiner Umgebung größere Erschütterungen zu vermeiden.

Nun einige Worte zur Durchlüftung. Sie besteht im Grund aus einem ununterbrochenen, in das Becken getriebenen und zur Oberfläche, in Form von Bläschen aufsteigenden Luftstrom. In Becken, die wenig belichtet oder nur spärlich bepflanzt sind, ist Durchlüftung öfters nötig. Sie ist auch dort notwendig, wo allzuviele Fische in beschränktem Raum beisammen sind. Aber obwohl eine

 Durchlüftungseinrichtung in das Inventar eines

jeden fachkundigen Aquarienfreundes gehört, habe ich den Eindruck, daß man sie oft überflüssig, ich möchte sagen, des Effektes wegen, benutzt. Die Durchlüftung ist eine Selbstverständlichkeit, wenn wir zum Beispiel Forellen züchten, und bisweilen eine Notwendigkeit bei der Aufzucht der zartesten Brut mancher Fische. Im allgemeinen aber verweichlichen die Fische, denn sie gewöhnen sich in der Folge an zu sauerstoffreiches Wasser.

Heute werden schon überall elektrische Durchlüftungsapparate benutzt, deren Handhabung sehr bequem ist.

Die Luft wird mittels eines Glasröhrchens in das Aquarium geführt. Am Ende des Röhrchens ist ein Kieselgurausströmer angebracht, der fein porös ist, so daß die Luft aus ihm in winzigen Bläschen entweicht. Es werden auch hölzerne Ausströmer verwendet.

Im Prinzip geht es darum, daß das Wasser möglichst viel Sauerstoff aus der entwichenen Luft absorbiert. Deshalb sind große Blasen, die eine verhältnismäßig kleinere Oberfläche als kleine Luftblasen haben, nicht geeignet. Je feiner die Bläschen, desto besser. Da sie mit Rücksicht auf den Luftgehalt eine verhältnismäßig große Oberfläche haben, scheiden sie am Wege zum Wasserspiegel eine größere Menge Sauerstoff aus als große Blasen, die auch viel rascher aufsteigen.

Ähnlich wie das Lüften oder die Durchlüftung wurde auch das Filtrieren des Wassers in Aquarien eine Modeerscheinung. Freilich kann man nicht darauf verzichten, leistet es doch bisweilen ausgezeichnete Dienste. Das durch eine Glasröhre angesaugte Wasser fließt durch Filterschichten in einer besonderen Glasglocke (die Schichten bestehen aus einer Spezial-Hydraffin-Filtrierkohle) und strömt in das Becken zurück, nachdem es verschiedene Verunreinigungen und chemische Beimengungen im Filter zurückgelassen hat.

Aber ein weitaus wirksamerer „Filter“ können in unseren Aquarien Muscheln sein. Die gemeine Teich- oder Flußmuschel macht ihr ganzes Leben lang eigentlich nichts anderes, als Wasser zu filtrieren. Sie besitzt nämlich oben zwei kleine spaltartige verschließbare Öffnungen. Durch eine saugt sie Wasser in sich hinein, und durch die andere stößt sie es wieder aus. Die Wasserzirkulation geht fast ununterbrochen Tag und Nacht vor sich. Der Wasserstrom bespült die Kiemen und versorgt sie mit Sauerstoff, während winzige verdauliche Teilchen im Magen hängen bleiben. Das Wasser durchwandert dann den Darm und verläßt die Muschel wieder durch die Afteröffnung.

Eine große Muschel beseitigt die Undurchsichtigkeit des Wassers in einem Becken von 200 l Inhalt im Laufe von 3 oder 6 Tagen vollständig und erhält dann das Wasser in tadelloser Ordnung. Sie stellt also einen ausgezeichneten biologischen Filter dar, und man muß nur darauf achten, daß sie nicht irgendwelche schädlichen Organismen in das Aquarium einschleppt, die an ihren Schalen haften bleiben. Muscheln haben noch zwei Nachteile: mit dem weichen, aber zähen Fuß ziehen sie am Boden des Beckens eine tiefe Furche und graben dadurch

leicht Pflanzen aus; ferner leben ihre winzigen Larven, die sogenannten *Glochidien*, parasitisch in den Kiemen und der Haut der Fische. Die erste Unannehmlichkeit läßt sich aber dadurch verhüten, daß man für die Muschel einen kleineren Raum im Winkel des Beckens durch fest eingesetzte Steine oder kleine Glasplatten einfriedet, so daß sie keinen Schaden anrichten kann. Von den Glochidien ist bekannt, daß sie den Mutterleib im Frühjahr verlassen, und deshalb setzen wir die Muscheln immer nur einzeln erst ab Juni im Aquarium aus.
Die Muschel entfernt aus dem Becken nur organische, keineswegs chemische Stoffe. Sie ist ein anspruchsloser Aquarienbewohner, dessen Dienste von vielen Aquarienfreunden bisher nicht gebührend geschätzt wurden.

## Hilfsmittel des Aquarienliebhabers

Jeder Aquarienfreund muß wenigstens mit den notwendigsten Hilfsmitteln ausgerüstet sein. Größtenteils sind es ja ganz einfache Hilfsmittel, die sich jeder selbst anfertigen kann. Andere Hilfsgegenstände sind in jedem Haushalt in Reichweite, man braucht sich ihrer nur zu bedienen. Schließlich verbleiben einige Hilfsmittel, die man in einem Fachgeschäft kaufen muß.
Sehr wichtig sind Netze verschiedener Größe und Form. Jedes Netz soll einen längeren Stiel haben, damit man es auch in größeren Becken benutzen kann. Am gangbarsten sind kreisförmige Netze, aber zum Fangen von Fischen, die sich auf dem Bo-

den aufhalten oder sich dort bei Gefahr verbergen, eignen sich eher Netze von Dreiecksform, deren Hypotenuse in ihrer ganzen Länge an dem Boden anliegt. Das Netz soll aus festem, aber feinem Material bestehen, soll genügend tief und seine Ecken abgerundet sein.

Früher wurden zum Ausfischen der Fische nur Netze verwendet, später begann man Fangglocken zu erzeugen. Das sind an einem Ende rechtwinklig abgebogene und kolbenförmig erweiterte Glasröhren. Diese sind deshalb vorteilhaft, weil die Fische sie nicht gleich bemerken, während sie die Netze sofort gewahren. Am besten kann man sie mit ihnen so fangen, daß der Fisch mit der einen Hand durch das Netz herangetrieben und ihm mit der andern die Glasglocke entgegengehalten wird.

Beim Herausnehmen der Fische aus den Netzen oder beim Umgießen aus der Glocke müssen wir sehr vorsichtig sein, damit wir Verletzungen der Fische, die versuchen herauszuspringen, vermeiden. Durch Fall auf den harten Fußboden oder durch zu starken Druck werden kleine Fische leicht vernichtet.

Ein weiteres Hilfsmittel sind Gläser verschiedener Größe. In diesen werden die Fische nach Bedarf für kürzere Zeit isoliert, übertragen und ähnliches. Außerdem wird in den Gläsern das nötige lebende Futter herbeigeschafft.

In verschiedenen Vertiefungen auf dem Boden des Aquariums sammelt sich von Zeit zu Zeit feiner Schlamm an, der aus verschiedenen organischen

 Stoffen, Speiseresten, abgestorbenen Pflanzenteilen

und Kot von Fischen und Schnecken zusammengesetzt ist. Dieser Schlamm *(Detritus)* läßt sich leicht mit einem Glasröhrchen entfernen, dessen obere Öffnung mit dem Daumen fest zu verschließen ist, wodurch im Röhrchen Luft zurückgehalten wird. Hierauf wird das Glasröhrchen ins Wasser getaucht, bis es den Schlamm berührt, der Daumenverschluß wird gelockert, und das eindringende Wasser reißt den Schlamm mit sich. Die obere Öffnung wird wieder mit dem Daumen verschlossen und das Röhrchen mit dem Inhalt herausgezogen. Das ist die einfachste Art, die sich allerdings nur in kleinen Behältern bewährt. In Fachgeschäften kann man kombinierte Schlammheber kaufen, in die Sand nicht leicht eindringen kann und die eine größere Schlammenge auf einmal aufnehmen. Aus großen Becken entfernen wir den Schlamm durch Absaugen mittels eines Gummischlauches, der ihn mit dem ausfließenden Wasser mitreißt. Der Schlauch dient ansonsten hauptsächlich zum Ein- und Auslassen des Wassers aus dem Aquarium.

Die Benutzung eines Scheibenreinigers für Algen ist nicht sehr empfehlenswert, weil er das Glas mit der Zeit zerkratzt. Dies ist ein einfaches Gerät, bestehend aus einem Metallstab mit Halter, am besten einem hölzernen, und einem angelöteten Rasierklingenhalter, der etwas schräg angesetzt ist. Die Klinge wird entweder nur in den Halter eingeschoben oder angeschraubt. Entschieden besser ist es aber, einen Lappen aus gröberem Gewebe zu verwenden, mit dem zwar die Reinigung etwas mühsamer, aber gründlicher ist und das Glas nicht beschädigt.

Außer einem Lappen für Algen sollen wir auch ein Stück Rehleder zum Reinigen der äußeren Deckengläser haben.

Der Aquarienfreund, der kleine Fische oder Fischbrut züchtet, gibt für gewöhnlich seinen Pfleglingen nicht sämtliche Nahrung auf einmal, die er bringt. Übriggebliebene Daphnien, Zuckmückenlarven und anderes lebende Futter bewahrt er deshalb in einer Schüssel auf, wo sie in kühlem Wasser bis zum nächsten Tag oder auch länger leben bleiben.

Zur Temperaturbestimmung im Aquarium benutzen wir Thermometer, entweder schwimmende oder fest angebrachte. Man muß dabei in Betracht ziehen, daß die Temperatur auf dem Boden in größeren Behältern etwas niedriger als an der Oberfläche ist, so daß das Schwimmthermometer die Durchschnittstemperatur im Becken nicht genau anzeigt. Diese Unterschiede sind freilich unbeträchtlich und nur bei sehr empfindlichen Fischen und besonders bei der Brut entscheidend.

Wenn wir mit künstlichem oder getrocknetem Futter füttern, schütten wir es in Futterringe, die auf dem Wasserspiegel schwimmen. Sie sind meist in Form von Quadraten oder Rechtecken angefertigt und verhindern das Auseinanderfließen der Futterteilchen. Zum Füttern mit Zuckmückenlarven oder Enchyträen eignet sich ein Futterring mit durchlöchertem Boden. Durch diese Löcher kriechen die Zuckmückenlarven oder die Würmer hindurch und werden so zur Beute der lauernden Fische. Dadurch wird verhindert, daß sich ein Teil des Futters in den Sand des Beckens vergräbt und der Aufmerksamkeit der Fische entgeht.

## Beschaffung und Zucht von Fischfutter

Das gebräuchlichste Futter für kleine Fische sind Wasserflöhe. Sie kommen in ungeheuren Mengen in stehenden Gewässern, hauptsächlich in Teichen, vor, wo es aber nicht genug Fische gibt, sie alle zu vertilgen. Wasserflöhe gibt es in vielen Arten und in großer Menge nicht nur im Sommer, sondern auch im Winter. Zum Fang der Wasserflöhe eignet sich am besten ein Netz von größerem Durchmesser aus dichterem, aber durchlässigem Gewebe. Zum Transport der gefischten Daphnien eignet sich am besten ein Holzrahmen, in den ein feines Netz gespannt ist; darauf breiten wir die Wasserflöhe in gleichmäßiger, nicht allzudicker Schicht aus. Nach Abtropfen des überflüssigen Wassers wird der Rahmen mit den Daphnien vorsichtig eingepackt oder in ein Futteral geschoben und in waagerechter Lage transportiert.
Auf ähnliche Weise werden auch kleine Hüpferlinge gefangen.
Einmal halten sich die kleinen Krustentiere eher an der Wasseroberfläche auf, ein andermal auf dem Boden. Deshalb ist es notwendig, mit wellenförmigen Bewegungen des Netzes auszuprobieren, wo sich ihre Massen gerade bewegen. Im Sommer

kann man längere Zeit aus einem einzigen Teich fischen, weil sich Wasserflöhe und Hüpferlinge in dieser Zeit rasch vermehren; im Winter aber vermehren sie sich nicht, so daß man nach dem Ausfischen eines Gewässers das nächste Mal anderswo fischen muß.

Dort, wo es viele Mücken gibt, können wir im Wasser ihre Larven fischen, die stellenweise massenhaft auftreten. Mückenlarven schwimmen mit dem Kopf nach unten und berühren mit dem Atemröhrchen den Wasserspiegel. Bei Störung entfliehen sie unter Wasser. Die Fische fressen sie sehr gerne, aber aus den Larven, die zufällig der Aufmerksamkeit der Fische entgehen, entwikkeln sich Mücken, die sich auf ihre Weise an dem Aquarienbesitzer rächen.

Sehr interessant sind die Larven der Mücke *Chaoborus (Corethra)*. Sie sind nämlich durchsichtig wie Glas und entgehen leicht der Aufmerksamkeit der Fische. Außerdem sind sie sehr raubgierig und überfallen nicht nur Wasserflöhe, sondern auch Larven gewöhnlicher Mücken und fressen sich sogar gegenseitig auf. Nie kommen sie in allzugroßer Menge vor, aber die Fische jagen sie leidenschaftlich. Die erwachsenen Mücken dieser Art sind dem Menschen nicht lästig.

Die bekannten und beliebten Zuckmückenlarven sind die Larven des *Chironomus plumosus*. Sie leben im Schlamm auf dem Grund stehender Gewässer, wo sie oft große Kolonien bilden. Mit Hilfe von klebrigem Speichel kleben die Larven aus Schlammteilchen Röhrchen zusammen, in denen sie sich bei

Gefahr verstecken. Die Larven sind durch Erythrocruorin rot gefärbt und bilden ein sehr nahrhaftes Futter nicht nur für Aquarienfische, sondern auch für Nutzfische in Teichen.

Die Essigfliege *(Drosophila funebris)* kommt im Haushalt auf gärenden oder sauer gewordenen Fruchtsäften vor. Ihre Eier legt sie in faulendes Obst, in schmierigen Käse und ähnliche Stoffe, in denen sich ihre Larven entwickeln. Es ist eine kleine Fliege, die sich auf Obst sehr gut in Gurkengläsern in großer Menge züchten läßt. Sie ist für kleine Fische ein wertvolles Futter.

Sehr gut lassen sich das ganze Jahr hindurch Fleischfliegen und dunkelblaue Schmeißfliegen züchten, die im Sommer häufig durch offene Fenster in die Räume und kopflos von einer Ecke in die andere fliegen und dann an die Glasscheiben anstoßen. Die Fleischfliege legt direkt kleine Larven, während die Schmeißfliege Eierhäufchen auf Fleisch und Käse legt. Die Larven dieser Fliegen fühlen sich beim Betasten sehr fest an, sind weißlich, von länglich walzenförmiger Gestalt. Durch ununterbrochene ruckweise Bewegungen bohren sie sich mit dem Kopf in Nahrungsmittel ein und wachsen rasch heran, so daß sie sich nach zwei Wochen in Puppen verwandeln; nach weiteren 1–2 Wochen, je nach der Temperatur, kriecht aus der Puppe die Fliege aus.

Es ist am besten, einige Weibchen vorsichtig zu fangen und sie in einem Gurkenglas unterzubringen, das mit einem luftdurchlässigen Gewebe zugebunden ist. Auf den Grund des Glases legt

man ein Stückchen frisches Fleisch. Im Handumdrehen legen die Fliegen Eier, gegebenenfalls Larven. Der Flascheninhalt wird nicht stinken, wenn das Fleisch regelmäßig alle zwei Tage ausgewechselt wird. Die Larven lassen sich auch leicht mit gekochtem Fleisch füttern, ja sogar mit zerquetschten Mehlkäferlarven und mit frischgetöteten Fliegen. Die Puppen muß man sammeln und in eine andere Flasche auf Watte legen, ab und zu mit etwas Wasser besprengen, aber nicht in die Sonne stellen. Die ausgebrüteten Fliegen werden abwechselnd mit gesüßter Milch und mit Obstsaft gefüttert. Nach der Paarung werden die Weibchen in das erste Glas zurückgebracht, wo für einige Tage wieder ein Fleischstückchen vorbereitet wird. Fliegen sind ein ausgezeichnetes Fischfutter, aber Larven soll man den Fischen nicht geben, denn oft verursachen sie Störungen des Verdauungstraktes. Für Cichliden, Barsche und andere größere Fische eignen sich als Zusatznahrung vortrefflich die Larven des Mehlkäfers, allgemein als „Mehlwürmer“ bekannt. Das sind ungefähr 3 cm lange gelbe, rege Larven, die wild als Schädlinge in Mühlen und Lebensmittellagern leben, aber schon lange künstlich als wichtiges Futter für Vögel und Terrarien- sowie Aquarientiere gezüchtet werden.
Zur Zucht des Mehlkäfers eignet sich ein leeres Aquarium oder ein glattes, gut verschließbares Kistchen. Auf den Boden streut man eine Schicht Kleie oder Mehl, die man mit einem Stückchen Sackleinwand bedeckt; bisweilen fügt man eine ausgedrückte Zitrone und Semmelstückchen, die

ein wenig in Milch geweicht wurden, hinzu. Die Larvenentwicklung dauert 5–7 Monate. Dann verpuppen sich die Larven. Die Puppen liegen eher in der Nähe der Oberfläche, und man tut gut daran, sie zu sammeln und in einer zweiten, ebenso eingerichteten Kiste unterzubringen, damit sie die bisher nicht verpuppten Larven nicht totbeißen. Aus den Puppen schlüpfen dann längliche, zunächst helle, aber nach dem Austrocknen schwarzbraune Käfer aus, die sich von dem gleichen Futter ernähren wie die Larven und bald Eier legen.
Die Zucht muß rein und ordentlich gehalten werden, ältere zugeführte Futterreste sollen entfernt, der ganze Kisteninhalt von Zeit zu Zeit durch ein Sieb gesiebt und die Kleie- oder Mehlschicht erneuert werden. Die Lieblingsnahrung der Mehlkäferlarven ist ein Stück hartgekochtes Eiweiß.
Aus der großen Gruppe der Würmer stammen einige Arten, die in der Aquaristik als Nahrung kleinerer und auch größerer Fische besonders bedeutungsvoll sind. Es sind dies hauptsächlich verschiedene Regenwurmarten. Sie leben millionenweise im Erdboden, den sie mit unzähligen feinen Gängen durchbohren und sich von faulenden Stoffen, eher pflanzlicher als tierischer Herkunft, ernähren. Erst in neuerer Zeit erkannte man, daß Regenwürmer deshalb so unendlich nützlich sind, weil sie durch die Unzahl der Gänge ununterbrochen den Boden lüften und den Zutritt von Regenwasser ins Erdreich ermöglichen. Da sie Erde fressen, die organische Stoffe enthält,

und diese in Form der bekannten Kothäufchen wieder an die Oberfläche abgeben, lockern sie die Erde vortrefflich auf. Trotzdem denkt noch mancher, daß die Amsel wegen der Vertilgung von Regenwürmern nützlich sei, die fälschlicherweise für schädlich gehalten werden.

Regenwürmer lassen sich in einer kleinen Kiste, einem Faß oder einem Aquarium, angefüllt mit guter Gartenerde, die entsprechend (keinesfalls allzu) feucht ist, züchten. Oben muß der Behälter mit einem feinen Drahtnetz bedeckt sein, damit die Würmer nicht entkommen. Auf die Oberfläche der Erde legt man hier und da ein Stückchen feuchte Semmel, einige Salat- oder Kohlblätter und ähnliches, das von den Regenwürmern in die Erde gezogen wird. In der Gefangenschaft vermehren sie sich nur selten, besonders wenn ihrer viele beisammen sind. Es ist wichtig, die richtigen Formen auszuwählen, die den Fischen schmekken. Manche Arten unserer Regenwürmer, wie z. B. Arten der Gattung *Eisenia*, sind schwach giftig, wovon man sich schon durch den charakteristischen, unangenehmen Geruch, den sie ausscheiden, überzeugen kann. Diese Arten werden freilich von den Fischen ungern gefressen.

Sehr reichlich und wirklich fachmännisch züchten unsere Aquarienfreunde kleine Verwandte der Regenwürmer, die *Enchyträen*. Sie sind gewöhnlich ungefähr 1 cm lang, weiß oder gelblichweiß und leben an günstigen Stellen gemeinschaftlich in ganzen Klumpen, während sie an Plätzen mit weniger reichhaltiger Nahrung nur vereinzelt vorkommen.

Man kann sie in kleinen Vollglasaquarien oder in Holzkistchen auf guter Erde züchten; von oben tut man das Futter hinein. Die Aquaristen haben zum Füttern der Enchyträen viele verbürgte Rezepte, aber es scheint, daß Füttern mit ungefettetem Grießbrei oder mit Milchhaut und ab und zu mit etwas feingewiegtem Salat, damit Vitamine nicht fehlen, vollständig genügt. Futterreste muß man entfernen, bevor sie sauer werden, und Schimmel darf man nicht dulden. Überflüssiges Herumgraben in der Kiste schadet den Enchyträen.

Am besten ist es, „Enchyträen-Kulturen" in zwei Kisten anzulegen, damit man nach Bedarf abwechselnd zunächst von einer, dann wieder von der anderen Zucht entnehmen kann. Die Enchyträen vermehren sich wieder in der Kiste, die wir vorläufig schonen, und wir müssen nicht etwa befürchten, daß wir die Zucht ausrotten.

Für Fischbrut, die sich auf dem Grund aufhält, sind mikroskopische Würmer, die der Aquarienfreund „Mikro" nennt, die geeignete Nahrung. Es ist dies das Aaltierchen *(Anguillula silusiae)*, von dem verschiedene Verwandte zu den Schädlingen der menschlichen Wirtschaft gehören, wie das Essigälchen und die Weizen- und Rübenälchen. Unsere Art ist jedoch völlig unschädlich und in der Aquarienkunde sehr nützlich. Die „Mikrokultur" gedeiht gut in Blumentöpfen oder in Porzellanschalen, die wir auf dem Boden mit einigen Löchern versehen. Als Zuchtvorschrift für Aaltierchen gilt: Man fülle die Schüssel oder den Blumentopf mit einer dünnen Schicht gröberen, gewaschenen Sandes, auf diese gieße man eine Schicht in Milch geweichter Haferflocken und darauf ungekochte Milch oder besser Joghurt, ungefähr 1 cm hoch. Schon vorher stellt man das Gefäß in eine größere Schüssel oder in ein Vollglasaquarium mit etwas Wasser. Dieses Wasser muß täglich gewechselt werden, da es sich mit der durchlaufenden Milch aus der Kultur sättigt und so faulen würde. Die Mikrobrut legen wir auf einen Glasscherben und diesen oben auf die vorbereitete Mischung. Täglich wird etwas saure Milch oder etwas Joghurt hinzugefügt. Die Mikro vermehren sich sehr schnell, und je nach Bedarf schaben wir sie dann vom Deckglas ab.

Regenwürmer, Enchyträen und Mikro müssen im Schatten oder im Dunkeln bei einer Temperatur um 18° gehalten werden.

Es sei noch bemerkt, daß Enchyträen einen süßlichen Geschmack haben und ziemlich fett sind, so daß alle Fische sie mit Vorliebe fressen, aber sie werden durch sie zu dick oder erkranken schließlich nach ständiger Fütterung mit Enchyträen. Mikro dagegen sind sauer, haben aber den Vorteil, daß sie leicht sind und im Wasser frei schweben, so daß sich von ihnen auch die Brut nähren kann, die sich an der Oberfläche aufhält. Hier und da werden auch Tubifexwürmer als Futter verwendet, die ähnlich wie die Zuckmückenlarven im Schlamm stehender Gewässer leben.

Aber gewöhnlich lassen sie sich nicht leicht

fangen, so daß sie keine wichtige Nahrung darstellen.
Die Brut vieler Fische ist so klein, daß sie nicht einmal so winziges Futter, wie es zerstoßene Enchyträen oder Mikro sind, zu sich nehmen können. Eine solche Brut müssen wir mit den allerkleinsten Lebewesen, den Urtierchen, besonders mit Aufgußtierchen, füttern. Die Zucht der Urtierchen können wir durch eine stärkere Lupe kontrollieren, denn es handelt sich eher um die größten Arten, wie sie das gemeine Pantoffeltierchen darstellt. Es gehört in die Klasse der Aufgußtierchen und zur Familie der *Parameciidae* und lebt mit einer Menge ähnlich organisierter Urtierchen in verunreinigten Gewässern. Aufgußtierchen lassen sich leicht in einer Schüssel mit Regen- oder Teichwasser auf einem Stückchen faulenden Heus oder Salat züchten. Nach einigen Tagen sind ihrer so viele, daß sie nach dem Ausgießen ins Aquarium eine zahlreiche Fischbrut zu ernähren vermögen. Die Portionen der Aufgußtiere werden so lange wiederholt, bis die Brut etwas herangewachsen ist und Mikrofutter aufnehmen kann.
Damit ist die Aufzählung lebenden Futters, das wir den Fischen geben können und sollen, noch nicht abgeschlossen. Besonders in der warmen Jahreszeit haben wir Gelegenheit, ihren Speisezettel möglichst abwechslungsreich zu gestalten, und diese Gelegenheit sollte ein gewissenhafter Aquarienfreund nicht vernachlässigen. Viele fliegende Insekten lassen sich abends bei der Lampe fangen, besonders verschiedene Motten und Falter,

in der Wohnung Fliegen und Spinnen, im Freien Heuschrecken und Larven von Wasserinsekten (Köcherfliegen und Eintagsfliegen). Von der Zucht kleiner Lebendgebärender für räuberische Fische werden wir im Kapitel von den einzelnen Arten der Aquarienfische erzählen.

## Krankheiten und Schädlinge der Fische

Es gibt vielleicht kein Lebewesen auf der Welt, das nicht von Krankheiten oder anderen Lebewesen bedroht ist. Auch Fische haben verschiedene Krankheiten und Schädlinge. Krankheiten werden einerseits durch Bakterien verursacht, andererseits durch parasitische Urtierchen, Würmer, Krustentiere und auch Pilze. Fischkrankheiten können auch durch Verletzungen, Erkältungen und ähnliches entstehen.

Anfänger in der Aquarienkunde vernichten bisweilen ohne böse Absicht frisch mitgebrachte Fische, wenn sie sie aus dem Glase direkt ins Becken ausgießen, wo die Temperatur um einige Grad niedriger oder höher ist. Der Fisch beginnt zu taumeln und nimmt keine Nahrung zu sich. Wir müssen sofort die Temperatur ausgleichen oder den Fisch herausfischen und in ein Glas übertragen, in dem das Wasser 21–23° warm ist, und etwas Salz hinzufügen. Empfindliche Fische gehen aber manchmal auch noch nachher zugrunde. Beim Übertragen ist es am besten, das Glas mit den Fischen teilweise in das vorbereitete Aquarium

zu tauchen und es dort ungefähr eine Stunde zu belassen, bis es die richtige Temperatur angenommen hat.
Verletzungen, verursacht durch Bisse anderer Fische, wie zerfranste Flossen, heilen in der Regel schnell. Die verletzten Stellen können aber von Pilzen befallen werden. Die *Saprolegnia* überwuchert gewöhnlich den Fisch von oben mit einem schleimigen Überzug. Manchmal genügt es, den befallenen Fisch auf kurze Zeit in eine schwache Desinfektionslösung zu legen, um den Pilz zu vernichten. Es empfiehlt sich eine Lösung von kolloidalem Silber, Kaliumpermanganat und Kupfervitriol.
Bösartiger ist der Pilz, der Geschwüre oder Schwellungen an den Flossen hervorruft. Es ist dies der *Ichthyophonus*. Sein Mycel wächst durch die Muskulatur der Fische häufig bis zu den inneren Organen hindurch, so daß der Fisch zugrunde geht. Diese Pilzerkrankung ist ansteckend, und es ist deshalb notwendig, den erkrankten Fisch sofort nach Feststellung der Erkrankung abzusondern und das Becken zu desinfizieren. Bei manchen Fischen zeigt sich der Befall mit Ichthyophonus nur in Form dunkler Flecken auf der Haut.
Selten werden mit der Nahrung aus den Teichen Keime des Pilzes *Branchyomyces demigrans* eingeschleppt, der die Kiemengefäße durchwuchert. Die befallenen Fische gehen dann an Erstickung zugrunde.
Viele Mühe verursachen bisweilen schmarotzende Urtierchen, besonders *Ichthyophthirius multifiliis*.

Fische, auf denen sich der Schmarotzer vermehrt, sind wie mit feinem Grieß bestreut, der nichts anderes ist als große, bis zu 1 mm messende, teilweise in die Haut eingebohrte Urtierchen. Manchmal ist der „Grieß“ so fein, daß es auf den ersten Blick den Anschein hat, als bilde er einen zusammenhängenden Belag. Die befallenen Fische werden mindestens eine Woche lang in schwach gesalzenes Wasser in Vollglasaquarien gebracht oder man verwendet schwache Trypaflavin- oder Chininlösungen. Im Aquarium geht der Ichthyophthirius nach drei Tagen vollständig zugrunde, wenn wir die Fische entfernen. Es ist sicher interessant, daß dieser Parasit nicht nur Süßwasser-, sondern auch Seefische befällt, die sich im Brackwasser von Flußmündungen aufhalten.

Im Blut von Fischen schmarotzen nicht selten Urtierchen, die bei stärkerer Invasion Mattigkeit, Appetitlosigkeit und schließlich völlige Erschöpfung hervorrufen. Es sind dies Geißeltierchen verschiedener Arten, und zwar aus der Gattung *Trypanosoma* und *Trypanoplasma*. Andere Geißeltierchen leben ähnlich wie der Ichthyophthirius auf und in der Haut und in den Kiemen. Im Darm der Fische kommt manchmal das Geißeltierchen *Octomitus truttae* vor, das Blutarmut hervorruft. Gefährlich können auch Sporozoen *(Myxosporidia)* werden, die mit der Nahrung ins Aquarium eingeschleppt werden.

Die bekannte Wassersucht (Schuppensträube – Schwellung des Bauches und Hervortreten der Augen) rufen nicht Feinde aus dem Tierreich hervor, sondern Bakterien der Art *Pseudomonas punctata ascitae*. Die Wassersucht ist eine gefährliche Infektionskrankheit, die merkwürdigerweise, aber hauptsächlich bei allzu gut gefütterten Fischen ausbricht während die übrigen Krankheiten eher auf einen geschwächten Organismus verderbenbringend wirken. Nach Entfernung der Fische muß das Aquarium mit Kaliumpermanganat desinfiziert werden.

In unserem kurzen Überblick lassen sich keine weiteren, weniger bedeutungsvollen Fischkrankheiten bakteriellen Ursprungs oder durch Urtierchen hervorgerufen aufzählen, deshalb gehen wir zu den mehrzelligen Schädlingen über. Es sind dies Süßwasserpolypen, Würmer und Gliedertiere. Der Süßwasserpolyp gehört zoologisch zu den Hohltieren, und zu seiner Verwandtschaft gehören auch die Meeresmedusen, die wie gallertartige Blumen auf der Wasseroberfläche schwimmen. Bei uns leben drei Arten von Polypen: der gemeine, der grüne und der braune, der am größten ist und seine Arme bis zu 11 cm ausspannen kann. Der grüne Polyp ist durch symbiotische Algen der Gattung *Zoochlorella* grün gefärbt, die in seinem Körper leben.

Die Polypen leben in stehenden oder träge fließenden Gewässern und halten sich mit dem unteren Saugnapf an verschiedenen Gegenständen fest, hauptsächlich aber an Pflanzen, während die dünnen Fangarme, die um die Mundöffnung herum angewachsen sind, unbeweglich im Wasser schweben oder sich nur von Zeit zu Zeit bewegen und auf Beute lauern. Kräuselt sich in der Nähe das Wasser, reagiert der Polyp sofort und stellt seine Fangarme in die Richtung der Bewegung. Sobald ein kleines Lebewesen, z. B. ein Wasserfloh oder Fischbrut, einen der Arme berührt, bleibt es sofort an den klebrigen Zellen haften. Gleichzeitig beginnt an den Berührungsstellen eine Gruppe Nesselzellen zu arbeiten, die das ergriffene Lebewesen betäuben. Die übrigen Fangarme pressen sich fest um die Beute und befördern sie in die Mundöffnung, von wo sie in die Leibeshöhle gelangt. Erstaunlich ist die Vermehrung des Polypen. Er vermehrt sich zwar auch geschlechtlich durch Eier, aber am häufigsten so, daß an seinem Körper eine Knospe zu sprossen beginnt, zuerst klein, aber schnell wachsend, bis aus ihr nach wenigen Tagen ein vollendeter kleiner Polyp geworden ist, der sich vom Muttertier abtrennt und anfängt, selbständig zu leben. Auf diese Weise vermehrt sich der Polyp sehr schnell, und wenn er genügend Nahrung hat, verseucht er das ganze Aquarium. Er ist der Brut aller Fische gefährlich und verbrennt auch erwachsenere Fische, die er nicht fressen kann. Zur Vertilgung der Polypen gibt es verschiedene Vorschriften. Man kann sie mit Essig vertilgen (ein Löffel auf je 60 l) oder mit einem Stückchen Kupferdraht, den wir in das verseuchte Becken hineinlegen. Man kann auch das Wasser mäßig salzen oder andere geeignete, Fischen und Pflanzen unschädliche Mittel anwenden.

Unter den Würmern kommen innere und äußere Parasiten vor. Manche schmarotzende Würmer wechseln in ihrem Lebenszyklus mehrere Wirte, von denen einer der Fisch ist. Es sind dies hauptsächlich verschiedene Saugwürmer, Blutwürmer, Bandwürmer (Riemenbandwürmer und andere), Fadenwürmer und Hakenwürmer. Alle diese Würmer leben im Inneren des Fischleibes, und zwar entweder in den Kiemen (Kiemenspulwurm) oder in den Eingeweiden. Bei Aquarienfischen begegnen wir im Inneren schmarotzenden Würmern nur ausnahmsweise.

Desto mehr Sorgen machen dem Aquarienfreund die Plattwürmer. Dies sind winzige Lebewesen von Schneckengestalt, jedoch oben abgeplattet. Im Aquarium kann man sie beobachten, wenn sie wie weißlichgraue, verdickte Striche am Glas entlang kriechen. Die Plattwürmer sehen wehrlos aus, sind aber in Wirklichkeit sehr räuberisch und verursachen empfindlichen Schaden an Brut und Laich. Die Mehrzahl unserer Arten gehört zur Gattung der *Planaria*, die wiederum in die Gruppe der Strudelwürmer mit Gastro-vascular-System gehören, was einen dreigeteilten Darm bedeutet. Ungefähr in der Mitte des Leibes befindet sich an der Bauchseite der herausstülpbare Schlund, den sie in die Beute hineinstoßen.

Einige Fische, wie z. B. die Paradiesfische, fressen die Plattwürmer auf und säubern bald das Becken zur Gänze von den unerwünschten Gästen. Im übrigen lassen sie sich nur durch ständiges Ausfischen oder durch chemische Mittel vertilgen, weil sie gegen alle üblichen Verletzungen widerstandsfähig sind. Ihre Lebenskraft ist erstaunlich und dient an biologischen Arbeitsstätten als Muster von Regenerationsfähigkeit. Wenn wir einen Plattwurm quer oder längs zerschneiden, bilden sich aus beiden Teilen zwei neue Plattwürmer. Zerschneiden wir einen Plattwurm in zehn Teile, so wächst aus jedem Stückchen ein ganzer, neuer Plattwurm. Eine fast ebenso große Regenerationsfähigkeit besitzt auch der Süßwasserpolyp.

Nur selten schleppen wir ins Aquarium mit gefischter Nahrung junge Blutegel ein. Das sind stattliche Würmer mit oben abgeplattetem Körper, die am vorderen und hinteren Körperende einen Saugnapf besitzen. Der hintere Saugnapf ist nur ein unschuldiges Saugscheibchen, mit dem sich der Blutegel an verschiedenen Gegenständen festhält, während der vordere um den Mund herum gelagert ist. Damit hält sich der Egel an der Beute fest, schneidet mit den scharfen, sägeartigen Zähnen der Kiefer die Haut auf und saugt das ausströmende Blut. Bei uns kann im Aquarium der Gemeine Fischegel *(Piscicola geometra)* gefährlich werden, da er klein ist und deshalb eher unserer Aufmerksamkeit entgeht. Außerdem kann er auch manche mikroskopische Parasiten übertragen.

Von schmarotzenden Gliedertieren kann mit der Nahrung auch die Karpfenlaus *(Argulus foliaceus)* ins Aquarium eingeschleppt werden, die zu den niederen Krustentieren gehört. Sie hat einen rundlichen, abgeplatteten, bis über einen halben Zentimeter im Durchmesser großen Körper und lebt als äußerer Parasit auf der Haut der Fische.

 Manchmal aber verläßt sie ihren Wirt und schwimmt

rege im Wasser umher, bis sie sich wieder auf einem anderen Fisch festsetzt. Die Karpfenlaus hält sich an der Fischhaut mit zwei großen Saugnäpfen fest und saugt mit einem Mundstachel das Blut aus. Einem größeren Fisch kann eine einzige Karpfenlaus keinen ernsteren Schaden zufügen, auch wenn sie manchmal an den Saugstellen Entzündungen verursacht. Die durch die Karpfenlaus hervorgerufenen Wunden werden aber oft von Pilzen befallen. Selbstverständlich würde ein solcher verhältnismäßig großer Schmarotzer im Aquarium erheblichen Schaden anrichten.

Zarter Fischbrut und dem Laich können auch andere, aber bedeutend kleinere Krustentiere aus der Gruppe der Hüpferlinge *(Cyclopidae)* schaden, von denen wir einige Arten gewöhnlich an Jungfische verfüttern, andere Arten aber leben parasitisch auf Fischen. Auch ein Angehöriger der großen Gruppe spinnenartiger Gliedertiere, die Milbe *Notaspis lacustris*, ernährt sich zwar gewöhnlich von Pflanzenkost, fällt aber gelegentlich auch junge Fische an, deren Gewebe sie zerfrißt, so daß sie im Aquarium, das mit Wasserflöhen aus stehenden Tümpeln versorgt wird, ein sehr lästiger Parasit werden kann.

## Schnecken und andere Mitbewohner im Aquarium

Aquarienschnecken sind zwar kein unerläßliches Requisit unserer Becken, ja manchmal muß man sogar dafür sorgen, daß sich im Becken keine einzige Schnecke befindet; aber sie sind doch eine gebräuchliche Ergänzung und Belebung der ganzen Einrichtung. Die entschiedene Mehrzahl der Arten, die wir züchten, gehört zu den Lungenschnecken, weil sie durch Lungen atmen, die sie innerhalb der Mantelhöhle haben. Um atmen zu können, müssen sie zum Wasserspiegel hinaufkriechen oder hinaufschwimmen, wo sie eine kreisförmige Öffnung auftun, durch die sie Luft einsaugen. Nach einer Weile schließen sie die Öffnung, ziehen das kurze Atemröhrchen ein und begeben sich zufrieden wieder auf ihre Wanderschaft durch das Aquarium.

Schon verschiedene Forscher bemühten sich, allerdings mit nicht allzu großem Erfolg, festzustellen, wie sich Land- und Wasserschnecken eigentlich fortbewegen. Wir wissen, daß sich alle Land- und Wasserschnecken auf Schleim fortbewegen, den sie ständig ausscheiden. Die Bündel der Längs- und Quermuskeln führen beim Kriechen wellenförmige Bewegungen aus, ohne daß diese Bewegung an der Schnecke irgendwie auffällig in Erscheinung träte, wenn man sie von oben betrachtet. Wenn wir von unten auf eine gewöhnliche Schnecke blicken, die auf einer Glasplatte kriecht, sehen wir, wie sich bei der Fortbewegung jalousienartige Querreihen von Muskelstreifen bilden, die sich in der Bewegungsrichtung verschieben und wieder verschwinden. Ein ähnliches Bewegungsprinzip beobachten wir auch bei den Plattwürmern.

Bekannt sind Versuche mit einem Rasiermesser oder einer Rasierklinge, auf deren Schneide die

Schnecke leicht längs und quer kriecht, ohne sich im geringsten zu verletzen. Ein ähnlicher Versuch läßt sich auch mit Wasserschnecken erfolgreich durchführen. Sie verteilen bei ihrer geheimnisvollen Fortbewegung das Körpergewicht so, daß sie nicht nur völlig mühelos die Schneide der Klinge überkriechen, sondern daß auch alle Stellen des „Fußes" gleichmäßig auf die Schneide drücken.

Wasserschnecken bewegen sich freilich noch leichter als Landschnecken, da das Wasser ihr relatives Gewicht verringert. Sie sind imstande, sich mit der Unterseite des Körpers an die Oberfläche des Wasserspiegels anzukleben, wobei sie sich mit einem ausgeschiedenen Schleimstreifen behelfen. Wenn sie über das Glas kriechen, öffnen und schließen sie langsam ihren bogenförmigen Mund und strecken die scharfrandige Zunge heraus, mit der sie Nahrung sammeln und abschaben. Durch die Öffnung, durch die sie für gewöhnlich das Atemröhrchen hinausschieben, drücken sie von Zeit zu Zeit lange Kotstreifen aus, die je nach der eben von der Schnecke aufgenommenen Nahrung gefärbt sind. Wenn sie sich von Algen oder einer anderen grünen Pflanze genährt hat, ist der Kot grünlich, nach toten Daphnien ist er schwarzbraun, nach einem Fettstückchen weiß. Alle Schnecken verdauen verhältnismäßig unvollständig; sie verbrauchen daher viel Nahrung, und die aus ihren Körpern entleerten Reste enthalten noch einen ansehnlichen Prozentsatz verdaulicher Stoffe. Schneckenkot ist guter Pflanzendünger, aber unterstützt zugleich die Entwicklung von Algen und Mikroorganismen. Als Gehäuseschnecken sind auch Wasserschnecken Zwitter.

Am häufigsten halten wir in Aquarien Posthornschnecken und von ihnen wieder die Große Posthornschnecke *(Planorbis corneus)*. Sie hat ein kreisförmig gedrehtes Schneckenhaus, seitlich abgeflachte, dünne, walzenförmige Fühler und ist schwarzbraun oder schwarzgrau gefärbt. Sie lebt in Teichen, Bächen und toten Flußarmen und vermehrt sich durch in durchsichtigen, gallertigen Schleim eingehüllte Eier, die sie in Häufchen auf Wasserpflanzen und Aquarienwänden ablegt. Die kleinen ausgebrüteten Schnecken kriechen bald fort und leben gleich wie die ausgewachsenen Tiere, indem sie Algen und andere pflanzliche Stoffe und teilweise auch tierische Überreste benagen.

Albinotische Posthornschnecken sind hellrot, weil bei ihnen infolge von Mangel an schwarzem Farbstoff das rote, durch Erythrocruorin gefärbte Blut durchscheint. In großen Aquarien oder in einem Bach ausgesetzt, dunkeln aber diese Posthornschnecken nach, so daß sie dann nur dunkelrot oder braunrot sind.

Die Posthornschnecken vermehren sich leicht und ziemlich rasch, so daß sie im Aquarium bald Nahrungsmangel leiden, woraufhin sie junge Pflanzentriebe benagen. Es ist deshalb nötig, ihren Bestand auf einer angemessenen Höhe zu halten. Sie wachsen langsam und leben einige Jahre. Wenn wir sie in großer Zahl zum Beispiel zu Versuchszwecken züchten, müssen wir ihnen von Zeit zu

Zeit ein wenig geschabte Sepiaknochen ins Wasser geben, damit sie genügend Kalk zum Aufbau der Gehäuse haben. Wie die Große Posthornschnecke kann man auch andere Arten, z. B. den *Tropidiscus planorbis* oder den *Tropidiscus carinatus*, züchten, deren Gehäuse um eine Windung mehr eingedreht sind.

Viel stattlicher als die Posthornschnecke ist die Große Schlammschnecke *(Lymnaea stagnalis)*, deren Gehäuse jedoch zu einer schmalen, bis zu 5 cm langgezogenen Spitze eingedreht ist. Ihr Körper ist schwarzgrau oder schiefergrau mit oben abgeplatteten und kurzen Fühlern, so daß sie ein wenig wie spitze Ohren aussehen. Es ist unsere gewandteste, aber auch gefräßigste Wasserschnecke, die in einem kleineren Becken den Pflanzen großen Schaden zufügen kann. Ihre Hauptnahrung besteht aus Algen, aber man kann sie auch mit Salat, Wasserflöhen, Gebäckbrocken, Quark und ähnlichem füttern. Sie kann durch Vertilgung von Süßwasserpolypen, die sie ohne Rücksicht auf deren brennende Waffe auffrißt, nützlich sein, aber mit genau derselben Vorliebe frißt sie auch Fischlaich und ausgeschlüpfte Jungbrut. Das Blut der Schlammschnecken ist nicht rot wie das der Posthornschnecken, sondern bläulich, denn es ist durch kupferhaltiges Haemocyanin gefärbt. Die Gehäuse der Schlammschnecken sind viel spröder als die Gehäuse der Posthornschnecken.

Sehr oft kommen in den Becken kleine Schlammschnecken mit verhältnismäßig kurzem Gehäuse vor, die im großen ganzen ähnlich gefärbt sind wie die Große Schlammschnecke. Sie verursachen keine größeren Schäden, vermehren sich aber sehr rasch, so daß sie für die Roten Posthornschnecken eine unangenehme Futterkonkurrenz darstellen. Es sind dies kleine Süßwasserschnecken *(Galba truncatula)*. Ins Aquarium werden ihre Jungen oder ihre Eier mit Wasserflöhen eingeschleppt.

Dieser kleinen Schnecke ähnelt die hellrote Schnekke *Isidora proteus*, die aber doppelt so groß ist (ungefähr eineinhalb Zentimeter). Sie stammt aus Australien und ist unschädlich. Sie ist vielleicht die hübscheste Aquarienschnecke überhaupt, wird aber bei uns vorläufig wenig gezüchtet.

Auf die anderen Arten von Aquarienschnecken, denen der Aquarienfreund selten begegnet, werden wir nicht besonders eingehen, da sie im großen ganzen ähnlich wie die beschriebenen Arten leben. Eine Ausnahme bildet die Sumpfdeckelschnecke *(Viviparus viviparus)*. Sie ist dunkel- oder oliv-braungrün und gehört zu den Vorderkiemern. Sie atmet nämlich durch Kiemen, die in der Mantelhöhle vor der Herzkammer liegen. Die Sumpfdeckelschnecke bringt lebende Junge zur Welt und kann sich nach dem Zurückziehen in ihr Gehäuse mit Hilfe eines Kalkdeckels einschließen. Sie vergräbt sich gern im Sand, wo sie bisweilen ein Junges gebiert. Sie nährt sich von derselben Nahrung wie die übrigen Schnecken, ist aber eher für den Zoologen als für den Aquarienfreund interessant, da sie sich wenig bewegt und oft lange in ihrem Schlupfwinkel verborgen bleibt.

Zum Unterschied von Nacktschnecken und gehäusetragenden Schnecken, die die Augen auf den Fühlern haben, sind bei den Wasserschnecken die Augen an der Wurzel der Fühler. Die Wasserschnekken sehen schlecht, wahrscheinlich unterscheiden sie nur Licht und Dunkel. Dafür ist ihr Tastsinn sehr empfindlich, auch der Geschmackssinn ist gut entwickelt. Wenn die Schnecke erschrickt, drückt sie die in der Lunge aufgespeicherte Luft zusammen, so daß diese schnell zu Boden sinkt, weil sie schwerer als Wasser ist. Wenn sie sich dagegen auf dem Boden befindet und die Notwendigkeit verspürt, frische Luft zu schöpfen, lockert sie den Druck auf das angesammelte Gas, das einen viel größeren Raum einnimmt, sich verdünnt und die Schnecke zum Wasserspiegel emporhebt. Außer Schnecken können wir im Aquarium auch Kaulquappen und Wassermolchlarven züchten. Sie sind völlig unschädlich, allerdings darf man sie nicht zum Laich und zu der kleinsten Brut lassen. Sie ernähren sich von der gleichen Nahrung wie die Schnecken und wachsen rasch, wobei den Fröschen zunächst die Hinterbeine und den Molchen die Vorderbeine wachsen. Schließlich verwandeln sie sich in ein junges Amphibium, das gewöhnlich kleiner ist als die ursprüngliche Kaulquappe. Am deutlichsten sehen wir dies bei den Kaulquappen der Knoblauchkröte, die bis zu einer ungewöhnlichen Größe – bis zu 17 Zentimetern – heranwachsen, aber zum Schluß werden aus ihnen ganz kleine Frösche. Kaulquappen sind noch bessere „Straßenkehrer“

des Aquariums als Schnecken. Mit dem hornartigen Mundsaum schaben sie Algen und andere tierische sowie pflanzliche Nahrung ab, und mit diesem Mundsaum können sie sich auch an rauhen Gegenständen oder an dem Algenbelag der Gläser anhängen.

Im Aquarium kann man außer Fischen auch Larven der Köcherfliege halten, die auf dem Grund seichter Gewässer leben und sich aus Sand, Holzstückchen und anderem Material Röhrchen zusammenkleben, in denen sie ihren Körper auch bei der Fortbewegung verstecken, so daß sie wie bewegliche Stäbchen aussehen. Sie nähren sich von verschiedenen organischen Stoffen. Es gibt aber auch räuberische Arten, die kleine Würmer und Larven überfallen, etwas größeren Fischen jedoch nicht im geringsten schaden. Wenn die Köcherfliegenlarve heranreift, verpuppt sie sich in der bisherigen Hülle, wo sie sich einspinnt. Die reife Puppe verläßt dann die Hülle, schwimmt an den Wasserspiegel, und dort wird aus ihr die Köcherfliege ausgebrütet, die an einen kleineren Schmetterling erinnert.

Manchmal werden mit dem Futter oder mit Pflanzen verschiedene kleine Gliedertiere, besonders Wasserinsekten, ins Aquarium eingeschleppt. Es sind dies Wasserwanzen und Käfer. In einem großen Aquarium, dessen Wasserspiegel zum Teil von Seerosenblättern oder von Wasserlinsen bedeckt und zum Teil frei ist, gedeihen Wasserläufer gut, die für Fische ganz unschädlich sind und sogar von größeren Fischen herausgefangen werden.

Wasserläufer können sich nur auf der Wasseroberfläche fortbewegen, und zu diesem Zweck sind ihre Füße mit dichten, festen Härchen versehen, die dadurch viel Luft zurückhalten. Diese kleinen schlanken Wasserwanzen bewegen sich ruckartig mit großer Geschwindigkeit und fangen kleine Fliegen und Mücken, die am Wasserspiegel haftengeblieben sind. Sie laufen nur auf zwei Beinpaaren, mit dem vorderen Paar ergreifen sie die Beute.

Wasserwanzen, die unter Wasser leben, sind durchweg schädlich, und deshalb darf man sie auch nicht unter Jungbrut dulden. Es sind dies besonders die Rückenschwimmer, die, wie schon ihr Name andeutet, in Rückenlage mit dem Bauch nach oben schwimmen. Die Rückenschwimmer stoßen sich beim Fortbewegen mit heftigem Schwung des hinteren Beinpaares ab, während sie mit den beiden Vorderpaaren die Beute festhalten. Sie jagen nicht nur Wasserflöhe und Larven von Wasserinsekten, sondern sogar auch hier und da einen kleinen Fisch. Wie alle Wasserwanzen hat auch der Rückenschwimmer keine Beißorgane, sondern einen harten Stachel, mit dem er dem Opfer das Blut aussaugt.

Zu einem unangenehmen zeitweiligen Aquarienbewohner könnte auch der Wasserskorpion werden, eine sehr flache, schlammgraue Wanze, deren vorderes Beinpaar zu einer mächtigen Greifzange umgewandelt ist. Mit dieser fängt der Wasserskorpion ohne weiteres einen kleinen Fisch. Ähnlich wie der Wasserskorpion lebt die Stabwanze *(Ranatra linearis)*, die allerdings einen sehr langgezogenen

Körper hat und sich reger bewegt. Auch Käfer können ins Aquarium eingeschleppt werden. Es sind kleine Arten der Familie der Schwimmkäfer aus den Gattungen *Laccophilus*, *Noterus*, *Hygrotus*, *Hydroporus*, *Bidessus* und anderer. Durch heftiges Abstoßen des hinteren Beinpaares sind sie imstande, rasch zu schwimmen und nähren sich von Plankton, können aber auch Laich und Brut Schaden zufügen. Besonders ihre Larven sind räuberisch; sie saugen die erjagte Beute mit ihren hohlen Beißwerkzeugen aus. Käfer aus der Familie der Taumelkäfer sind hingegen im Aquarium unschädlich, auch wenn sie räuberisch sind. Werden sie aufgeschreckt, tauchen sie zwar in die Tiefe, aber sie jagen nur auf der Wasseroberfläche, auf der sie mit unglaublicher Schnelligkeit wirbelnd herumkreisen. Ähnlich wie die Wasserläufer jagen auch Taumelkäfer nur ertrinkende Fliegen, Mücken und Motten. Wer ein besonderes Interesse für Zoologie hat – und dies haben, glaube ich, alle Aquarienfreunde –, stellt mit Hilfe einer starken Lupe fest, daß der Taumelkäfer *(Gyrinus natator)* sein Auge in zwei Gesichtsfelder geteilt hat; mit dem einen schaut er über den Wasserspiegel, mit dem anderen unter das Wasser. Fische fressen den Taumelkäfer nicht, weil er hart ist; durch sein Herumtaumeln werden sie aber beunruhigt.

## Aquarienfischzucht

Verschiedene Fischarten erfordern auch verschiedene Zuchtmethoden. Während manche Fische sich ganz leicht züchten lassen, bereitet die Zucht anderer, empfindlicherer Arten dem Anfänger große Schwierigkeiten und Verluste. Deshalb teilen wir die Fische, vom Gesichtspunkt der Zucht aus gesehen, in drei Gruppen ein; in leicht züchtbare, schwer züchtbare und spezielle. Mit anderen Worten sind dies Fische für Anfänger, fortgeschrittene Aquarienfreunde und Fachleute. Selbstverständlich sind Fische, die man nur mit Schwierigkeiten vermehren kann, teurer als solche, die sich leicht vermehren.

Es ist begreiflich, daß jeder in seinem Aquarium etwas Hübsches und sogar etwas Besonderes haben möchte. Deshalb sei darauf hingewiesen, daß es unter den gangbaren Fischarten sehr schöne und interessante Pfleglinge gibt, ob es sich nun um Labyrinthfische oder lebendgebärende Zahnkarpfen, Barsche oder andere handelt.

Die naturgeschichtliche Einteilung nimmt freilich keine Rücksicht auf die erwähnten Umstände. Die zoologische Systematik ist auf morphologischen und Entwicklungsmerkmalen aufgebaut, die verwandte Arten zu Gattungen verbinden, Gattungen zu Familien und Familien zu Ordnungen. Vom fortgeschrittenen Aquarienliebhaber wird entsprechend seinen zunehmenden Kenntnissen gefordert, daß er sich wenigstens teilweise mit der Systematik der Aquarienfische und auch mit der wissenschaftlichen Terminologie der einzelnen Arten vertraut macht.

Warum geben wir allen Tieren und Pflanzen wissenschaftliche lateinische oder griechisch-lateinische Namen? Um mit einem einzigen internationalen, auf der ganzen Welt gültigen Begriff eine bestimmte Art genau definieren zu können. Verschiedene Völker können zwar ein und dasselbe Tier oder ein und dieselbe Pflanze je nach der Sprache oder Mundart, die sie gebrauchen, verschieden benennen, können sich aber nicht in der Bestimmung irren, wenn sie sich an die gültige wissenschaftliche Benennung halten. Jede wissenschaftliche Benennung besteht 1. aus dem Gattungsnamen, 2. aus dem Namen der Art, 3. gegebenenfalls aus der Benennung der Unterart (Subspecies) und 4. aus der Autorenchiffre des Forschers, der das Objekt beschrieb. Die Autorenchiffre, d. h. der Namen hinter der Benennung, ist daher von wissenschaftlicher Bedeutung.

So heißt z. B. der Punktierte Panzerwels wissenschaftlich *Corydoras paleatus JENYNS*. Die Bezeichnung Corydoras schließt die Gattung ein, die mehr als zehn Arten beinhaltet. Jede dieser Arten unterscheiden wir von den übrigen Angehörigen der Gattung mit dem Beinamen, der die Artbezeichnung darstellt.

Für manche unserer Aquarienfische haben die Aquarianer geeignete Benennungen erdacht oder solche übersetzt, die sich schon eingebürgert haben und allgemein gebraucht werden. So z. B. die Benennungen Schleierfisch, Kampffisch, Wels, Barsch, Lebendgebärende. Diese Namen aber bezeichnen nur die Gattung oder eine ganze Fischgruppe und sind daher nicht ganz genau. Die Aquarienfreunde helfen sich deshalb häufig mit Namenbildungen aus, die entweder bloße Entstellungen wissenschaftlicher oder fremdsprachiger Benennungen sind oder, mehr oder weniger unbestimmt, irgendeine charakteristische Eigenschaft der Fische ausdrükken. Sie entschuldigen sich damit, daß sie die wissenschaftlichen Namen schlecht aussprechen können. Deshalb hören wir oft verschiedene verschrobene Benennungen, die nicht genügend treffend sind oder auch nur die Wiederholung von Benennungen, die bereits für eine andere Tiergruppe benutzt wurden, darstellen.

Ich bin der Meinung, daß es gar nicht schwierig ist, sich mit den wissenschaftlichen Namen der Fische, die wir züchten, bekannt zu machen und diese Namen richtig anzuwenden, wenn uns kein passender deutscher Ausdruck zur Verfügung steht. In der Umgangssprache gibt es eine große Anzahl verschiedener technischer und anderer Fremdwörter, die zur Gewohnheit wurden, so daß wir sie ohne Schwierigkeiten und richtig aussprechen. Warum sollte es daher nicht möglich sein, daß sich auch Aquarienliebhaber allgemein an die wissenschaftliche Terminologie gewöhnen? Wenigstens würden dann bei der Bezeichnung der Fische auf Ausstellungen und in Verkaufsstellen keine Fehler vorkommen.

Die am häufigsten gezüchteten Aquarienfischarten reiht man in folgende Familien ein: *Pantodontidae*, *Characidae*, *Cyprinidae*, *Callichthydae*, *Cyprinodontidae*, *Atheriniidae*, *Nandidae*, *Anabantidae*, *Cichlidae*, *Centrarchidae* und *Centropamidae*. Alle diese Familien gehören in die Unterklasse der Knochenfische *(Teleostei)*, die sich durch ein festes und vollkommenes Skelett auszeichnen, zum Unterschied von Fischen mit Knorpelskelett, wie es z. B. Haie und Störe haben. Die bekanntesten sind Angehörige der Familien der *Cyprinodontidae*, *Anabantidae*, *Cyprinidae* und *Cichlidae*.

Wie schon erwähnt, kann man im Aquarium erfolgreich auch viele gewöhnliche Süßwasserfische züchten, soweit sie jung oder nicht allzu groß sind. Sogar der Stichling, der Bitterling, das Moderlieschen, der Steinbeißer, der Schlammbeißer und der junge Hecht sind geradezu ideale Pfleglinge. Nicht weniger interessant ist die Zucht des amerikanischen Katzenwelses, des Sonnenbarsches oder der Aalraupe. Dennoch sind aber diese Fische – mit Ausnahme des Stichlings und des Bitterlings im Hochzeitskleid – nicht so prächtig gefärbt wie ihre exotischen Verwandten, die oft in den auffallendsten und dabei harmonischen Farben strahlen.

In die Familie der *Pantodontidae* gehört nur eine einzige Art, in die anderen Familien mit Ausnahme der *Atherinidae* und *Centropamidae* gehört eine große Menge von „Aquarienarten" vieler Gattungen. Manche Arten, besonders die Lebendgebärenden, befruchten einander, und ihre Nachkommenschaft kann sich weiter vermehren. Geduldige Züchter gewannen so neue Fischformen, wie sie in der Natur nicht vorkommen.

Laichende Fische vermehren sich theoretisch viel schneller als lebendgebärende Fische. Der Laich ist oft sehr zahlreich, während schon entwikkelte Junge bisweilen zu einigen Dutzenden in

größeren oder kleineren Intervallen geboren werden. Im Aquarium aber lassen sich gerade lebendgebärende Fische viel leichter züchten, denn in der Regel werden sie so groß geboren, daß sie sofort die kleinsten Wasserflöhe oder Hüpferlinge aufnehmen können, während ein Teil des Laiches nicht selten verdirbt, und auch ausgebrütete Fische sind nach Verdauung des Dottersackes sehr klein, so daß bisweilen die Futterbeschaffung Schwierigkeiten bereitet. Außerdem erfordert der Laich sowie die aus ihm geschlüpfte Jungbrut große Sorgfalt in bezug auf Qualität, Wärme und Durchlüftung des Wassers.
Beginnen wir also mit unserer Beschreibung bei Fischgruppen, die sich im Aquarium am leichtesten züchten lassen, und gehen wir allmählich zu empfindlicheren und selteneren Arten über.

## Die natürliche Aufzucht von Aquarienfischen

Viele Aquarienfische kann man während der warmen Jahreszeit unter freiem Himmel oder wenigstens in großen Glashausbassins züchten. Voraussetzung für eine erfolgreiche Aufzucht ist freilich, daß auf dem Grund des Teiches oder Bassins geeignete Arten von Wasser- oder Sumpfpflanzen eingesetzt sind und daß die Fische nicht überflüssig gestört werden. Das bekannteste Beispiel einer derartigen Zucht sind Park- oder Gartenteiche, die mit Goldfischen oder Goldorfen besiedelt sind. Ausgezeichnet lassen sich in Bassins im Freien

Stichlinge und unsere anderen Fische wie Barsche, Kardinal- und Schleierfische züchten, denn sie vertragen auch einen starken Temperaturrückgang. Sie können daher vom Frühjahr bis zum Herbst im Freien sein. Die übrigen Fische kann man erst in der Zeit beständigen Wetters, von Mai bis Mitte September, hinausgeben. Dazu eignen sich hauptsächlich Paradiesfische, Prachtkärpflinge, einige Arten Lebendgebärender, Barben, Bärblinge und „Neonfische“. Die übrigen Fische lassen sich am besten in Glashausbassins züchten. Direkte Sonnenbestrahlung und andere Vorteile, die die Fische im Aquarium sonst nicht genießen, haben sie bei Unterbringung im Freien in vollem Maße. Ein wichtiger Faktor ist auch das große Ausmaß des Wasserbeckens, die natürliche Entwicklung von Plankton und anderem Futter. Deshalb vermehren sich die Fische unter solchen Umständen leicht, wobei auch jegliche Fürsorge des Züchters für die Brut entfällt. Diese wird zwar von den Eltern oder zufälligen Schädlingen teilweise aufgefressen, aber ein Teil bleibt fast immer erhalten. Fische und Brut gedeihen ausgezeichnet, sie werden weit größer und haben eine schöne Färbung, und auch ihre Gesundheit bessert sich. Auch in Teichen und Bassins muß gefüttert oder zumindest zugefüttert werden. Wir müssen wohl überlegen, mit welcher Nahrung wir füttern dürfen, falls es auch um die Aufzucht von Jungbrut geht. Allzugroße Vermehrung von Hüpferlingen könnte in einem solchen Fall ungünstige Folgen haben. In natürlichen Becken dürfen keine Blutegel sein, und es muß kontrolliert werden, ob keine Tauchkäfer, Libellenlarven, Schlammschnecken und andere ungebetene Gäste auftauchen. Gegen manche von ihnen können wir freilich nicht aufkommen, nämlich gegen kleine Raubinsekten, die auch zu verborgenen Plätzen geflogen kommen, dem Laich und der Brut Schaden zufügen, andererseits aber erwachsenen Fischen als Futter dienen und so einen gewissen Ausgleich schaffen.

Im Bassin soll sich kein Springbrunnen befinden, da ein solcher das Wasser beträchtlich abkühlt. Der Abfluß muß möglichst vollständig abgedichtet sein.

Von den Gewächsen eignen sich zur Bepflanzung je nach Größe des Beckens kleinere und größere Seerosenarten, deren Stengel und Blätter den Fischen ein schattiges Versteck bieten und die einen ungewöhnlich schönen, natürlichen Schmuck darstellen. Ferner sind zu diesem Zweck Teichrosen und einige abgehärtete Arten von Riedgras und Schilf geeignet, das sich aber zu sehr ausbreitet, und viele andere. Auf dem Wasserspiegel sollen sich zwar einige Inseln von Wasserlinsen befinden, wobei aber nicht der größere Teil der Wasserfläche davon bedeckt sein darf. In Teichen und Bassins im Freien gelingt auch oft die Aufzucht eines Fisches, der einen bestimmten $p_H$-Gehalt benötigt, denn viele derartige natürliche Becken sind in dieser Hinsicht geeignet.

Wenn wir ein größeres Glashausbecken mit gleichbleibender Temperatur einrichten wollen, stehen uns eine große Auswahl von Sumpf- und ähnlichen, aus dem Wasser wachsenden Pflanzen zur Verfügung. Es sind dies vor allem das Gemeine Schlangenkraut, Cyperngras, Echinodorus, Eichhornia, einige Feuchtigkeit liebende Schwertlilien, Limnocharis, Philodendron, Reis, Zuckerrohr, die verschiedensten Pfeilkräuter usw.

In diesen warmen Bassins, deren Bedingungen weniger natürlich, aber dafür sicherer sind als Teiche im Freien, züchten wir besonders einige verträglichere Cichliden *(Haplochromis, Tilapia, Cichlasoma meeki, Etroplus, Pterophyllum)*, Labyrinthfische mit Ausnahme von Paradies- und Kampffischen, *Xiphophoren*, *Mollienesien*, *Jordanellen* und verschiedene *Characiden*.

Auf dem Boden freilich muß sowohl in Becken im Freien als auch in Aquarien eine Menge Unterwasserbewuchs sein, besonders Fontinalis und Nitella, wie auch eine entsprechende Ausstattung, je nach der gezüchteten Fischart.

Im allgemeinen sollte die Regel gelten, daß auch in so großen Becken immer nur eine einzige Fischart sein sollte. Verschiedene Laichzeit, gegenseitige Antipathie verschiedener Arten, unterschiedliche – wenn auch nur unwesentlich abweichende – Lebensgewohnheiten sind manchmal Faktoren, die eine erfolgreiche Aufzucht erschweren. Es wäre zu wünschen, daß die natürliche Aufzucht sich mehr als bisher verbreitet.

## Der vollkommenste Behälter — das Aquaterrarium

Ein schön eingerichtetes, gut gepflegtes und richtig aufgestelltes Aquarium ist ein wirklicher Schmuck für jedes Heim. Das Zusammenleben von Pflanzen und Fischen leuchtender Farben scheint ganz natürlich und vollkommen zu sein. Mancher kann sich vielleicht nicht vorstellen, daß die Natur noch getreuer, fast bis in die kleinsten Details, nachgeahmt werden könnte. Und doch ist das möglich. Eine getreue Nachbildung ist Terrarienliebhabern bekannt, die sich mit der Zucht exotischer Amphibien – Frösche und Molche – beschäftigen. Amphibien müssen von feuchter Luft und überhaupt von einem feuchten Milieu umgeben sein, und ihre Larven und ihre Eier entwickeln sich größtenteils nur im Wasser. Deshalb bauen ihnen ihre Pfleger oft ungewöhnlich gelungene Ausschnitte tropischer Natur auf, in denen sie sich besonders gut ausnehmen. Das Wasser in Form eines natürlichen Sumpfes nimmt in ihnen mindestens die Hälfte des Raumes ein.

Das normale Aquarium ist kein getreues Abbild der natürlichen Umgebung, denn es zeigt nur einen Teil des Grundes ohne Ufer und die typische Sumpfflora, die auf ihren Böschungen wächst. Viele Aquarienfische leben in Untiefen von Flüssen und Tümpeln in unmittelbarer Nähe der Ufer, verbergen sich bei Gefahr unter ihnen und legen den Laich in ihren Schatten ab. Es ist daher ganz natürlich, wenn wir diese herrliche Szenerie auch in unsere Aquarien übertragen möchten. Auch wenn im Aquaterrarium für Fische das Wasser die Hauptsache ist, nimmt doch auch das Festland einen bestimmten Raum ein, mit dem man zu rechnen hat. Die größte Fläche nehmen die Ufer ein, die allmählich aus dem Wasser aufsteigen, eine kleinere Fläche die Steilufer, und die kleinste (oder gar keine Fläche) erfordert überhängendes Ufergelände, das an der Beckenrückwand befestigt oder aufgehängt ist. Es berührt die Wasseroberfläche nur mit seinem unteren Teil, so daß die Fische unter ihm hindurchschwimmen können.

Die Ufer der ersten beiden Typen umfassen ein Viertel, auch die Hälfte des ganzen Beckens, so daß sie sich nur für große Aquarien eignen. Der letzte Typ kann auch für kleinere Aquarien benutzt werden. Er ist auf dem Prinzip der Nachahmung des Milieus dichter Wurzeln und Stengel des Uferbewuchses aufgebaut, deren Geflecht Schlupfwinkel sowie Jagdgründe für eine Menge Fische und andere kleine Lebewesen bildet. Zu diesem Zwecke lassen sich die bekannten Glashaus- und tropischen Zimmerpflanzen der Monstera (etwas fälschlich Philodendron genannt) sehr gut verwenden. Diese Pflanze sendet Luftwurzeln aus, die auch unter Wasser gedeihen und bald ein den Rhizophoren (Mangroven) ähnliches Geflecht bilden.

Mit Phantasie und Schönheitssinn, verbunden mit der Kenntnis der Pflanzenarten, die in der Heimat der Fische wachsen, läßt sich hier sehr viel machen. Der Aquarienfreund muß sich aber gut überlegen, wie der Besatz zu gestalten ist, damit er nicht zu einer Quelle der Fäulnis und Verunreinigung des Wassers wird, daß er einen möglichst natürlichen Eindruck vermittelt und ein noch harmonischeres Ganzes bildet als ein bloßes Aquarium.

Besonders muß man darauf achten, daß über dem Aquaterrarium ein genügender Luftraum vorhanden ist, in den die Pflanzenspitzen emporwachsen können. Das wird gewöhnlich dadurch erzielt, daß der Behälter durch Hinzufügen eines weiteren, gleich großen Aquariums mit Glasboden verdoppelt wird, das über den unteren Behälter gestürzt wird, so daß der Glasboden die Decke des Aquaterrariums bildet. Ein Drittel von einer der gläsernen Seitenwände des Behälters ist mit einem dichten Metallnetz versehen und läßt sich aufklappen. Diese oder eine andere Wand soll außerdem ganz zu öffnen sein, damit man im ganzen Raum des Aquaterrariums arbeiten kann.

Ein derartiges Aquaterrarium nimmt die gleiche Grundfläche ein wie ein Aquarium. Richtig bepflanzt und beleuchtet, stellt es den Gipfel unseres bisherigen Könnens in der Einrichtung von Behältern dar. Nicht nur ökologische, sondern auch klimatische Bedingungen sind hier besonders günstig. Es ist bekannt, daß manche Fischarten sehr unter ungleichmäßiger Wasser- beziehungsweise Lufttemperatur über dem Wasserspiegel leiden. Das Aquaterrarium mit seinem gläsernen Deckel und seiner Lüftung nur durch einen kleinen Seitendurchzug stellt die ideale Umgebung des feuchten Urwaldrandes mit gleicher Luft- und Wassertemperatur dar, so daß die Fische sich nicht erkälten können. Die Atmosphäre in diesem Behälter enthält zwar verhältnismäßig weniger Sauerstoff; aber wie festgestellt wurde, entnehmen Fische, wie zum Beispiel der Labyrinthfisch, aus der Luft nur ungefähr 30 % Sauerstoff des Gesamtbedarfes, während sie den Großteil des Sauerstoffes mit den Kiemen aus dem Wasser schöpfen, besonders dann, wenn es so rein ist wie im Aquarium.

Sehr geeignet wären Aquaterrarien auf Aquarienausstellungen, deren Aufgabe es ja ist, die Öffentlichkeit nicht nur mit den erzielten Erfolgen in der Fischzucht, mit neu eingeführten Arten, mit der Einrichtung von Aquarien und mit geeigneten Pflanzen bekannt zu machen, sondern auch mit der Umgebung, in der die interessantesten Fische leben. Dabei muß ich sicher nicht besonders auf den Effekt eingehen, den ein so eingerichteter Behälter macht. Vom Aquaterrarium läßt sich behaupten, daß es das Aquarium der Zukunft ist.

## Einige Worte zum Abschluß

Im Aquarium offenbart sich uns deutlich die ungeheure Mannigfaltigkeit, die das Wesen und die unerläßliche Notwendigkeit des Lebens ist. In einem einzigen Wassertropfen strömt und wallt mikroskopisches Leben. Im Verhältnis dazu sind die winzigen Krustentiere, mit denen wir die Fische füttern, unermeßlich große Riesen. Und ein kleines Fischlein wiederum, ein Wirbeltier, ein schon verhältnismäßig hochstehendes Lebewesen, ist andererseits im Vergleich zu uns immer noch äußerst primitiv. Millionen Wasserflöhe bewegen sich mit ruckartigen Sprüngen im Teiche oder in der Wasserlache. Einmal steigen sie in einer ganzen Wolke zum Wasserspiegel empor, dann wieder schweben sie hinab zum Grund. Sie fressen organische Stoffe, die ihnen das Wasser vor den Mund trägt, unterscheiden nur Licht und Dunkel, vermehren sich triebhaft, mechanisch, und erschreckt fliehen sie vor Gefahr, deren wirkliches Ausmaß ihnen niemals zum Bewußtsein kommt.

So lebt, bewegt, frißt und vermehrt sich die überwältigende Mehrzahl der winzigsten Bewohner des Wasserreiches, deren ganzes Sein nur ein flüchtiges Aufblitzen im gigantischen Kreislauf des Lebens auf unserem Planeten darstellt. Einigermaßen komplizierter leben die höherstehenden Krustentiere und Insekten. Aber auch ihre Lebensweise ist gegen unsere unendlich mechanisch. Oft bilden sie ungewöhnlich komplizierte Kolonien, in denen alle Einzelwesen eine genau bezeichnete Aufgabe haben, die sie zum Nutzen des Ganzen ausführen. Aber ihre Arbeit ist nicht zielbewußt wie beim Menschen, sondern nur ganz mechanisch, so wie ein Uhrwerk, bis es abgelaufen ist. Diese Lebewesen kennen weder Freud noch Leid, sie empfinden nur einige Abstufungen von Erregung und Befriedigung.

Nicht einmal bei Fischen können wir ein Bewußt-

sein von Ursache und Wirkung in ihren Handlungen erwarten, aber als eine viel höherstehende Tiergruppe sind sie konzentrierter und fähiger, erworbene Erfahrungen zu sammeln und geltend zu machen. Ihre Bewegungsmöglichkeiten in der natürlichen Umgebung sind viel mannigfaltiger als bei niedrigeren Lebewesen. Wenn wir sie aber unvoreingenommen beobachten, sehen wir, daß der Großteil ihres Beginnens nur reflektorisch ist und sich in den Grenzen der Möglichkeit den herrschenden Gegebenheiten anpaßt. Sie reagieren aber viel empfindlicher und für uns daher verständlicher auf neuentstandene Gegebenheiten. Mit dieser etwas entwickelteren Aufnahmefähigkeit machten die Fische vor unendlich langer Zeit eigentlich den ersten Schritt auf dem Weg zur fortschreitenden Entwicklung der Vervollkommnung des Gehirns in den unübersehbaren Reihen ihrer Nachkommenschaft – bis zum Menschen.
Aus den fransenflossigen Urfischen der Devonmeere gingen die Landwirbeltiere hervor, deren Höhepunkt, der Mensch, ständig mehr und mehr zum Herrn der ihn umgebenden Natur wurde. Seine Entstehung aus tierischen Vorfahren ging nicht schnell, beschleunigte sich aber schwindelerregend von dem Augenblick an, da seine fünffingrige Hand die erste unbedeutende zielbewußte Arbeit vollführte. Und durch diese zielbewußte Arbeit unterschied sich der Mensch schlagartig von allen anderen Lebewesen und entfernte sich von ihnen immer schneller und unwiderruflicher.
 Die bunten Fische in unseren Aquarien bedeuten

für uns nicht nur eine unterhaltende und interessante Gegenwart, sondern auch eine ernste Erinnerung an die ferne Vergangenheit aller Wirbeltiere, deren Vorfahren die Fische waren. Allerdings, sie waren den heutigen nicht allzu ähnlich, weil die Natur den Zustand des Stillstandes nicht kennt und die ganze Tier- und Pflanzenwelt sich ständig verändert und sich anpaßt, je nachdem sich ihr Lebensraum, das Biotop, verändert. Formen, die sich überlebt haben und sich nicht rechtzeitig und genügend anpassen können, sterben aus. Deshalb begegnen wir bis auf unbedeutende Ausnahmen in den heutigen Gewässern keinen Formen von Lebewesen, die sich im Paläozoikum bewährt hatten, sondern vollkommeneren, anpassungsfähigeren, von unserem Standpunkt aus auch schöneren Formen.

In unseren Betrachtungen über das Aquarium sind wir zu den Gesetzen der Entwicklung des Lebens auf der Erde gelangt. Die flinken Aquarienbewohner kümmern sich aber nicht um diese ernsten Angelegenheiten. Sie huschen durch den dichten Pflanzenbestand und spähen mit ihren opalisierenden Augen nach einem schmackhaften lebenden Bissen, den sie mit der gleichen selbstverständlichen, unschuldigen Raubgier ergreifen wie hunderttausende Generationen ihrer Vorfahren. Denn der Selbsterhaltungstrieb gehört auch im Aquarium zu den stärksten Gesetzmäßigkeiten des Lebens.

# BESCHREIBUNG DER ABGEBILDETEN FAMILIEN

## *Cyprinodontidae I.* Lebendgebärende Zahnkarpfen

Es sind mittelgroße Fische von charakteristischer einheitlicher Grundgestalt, zarten, aber bunten Farben, häufig mit etwas verlängerter oder erhöhter Schwanz- und Rückenflosse. Bis auf wenige Ausnahmen sind es bescheidene, anspruchslose Fische, die sich stark vermehren, sich gut vertragen und nur selten den eigenen Jungen gefährlich werden. Sie sind Allesfresser, auch wenn sie eher Fleischnahrung bevorzugen.

## *Anabantidae* Labyrinthfische

sind eine weitere Fischgattung, die zwar nicht mehr lebendgebärend ist, aber von der manche Arten sich vorzüglich zur Zucht für jeden Anfänger eignen. Größtenteils sind es sehr schöne Fische, die sich durch eine charakteristische Art der Atmung auszeichnen, sie nehmen nämlich Sauerstoff aus dem Wasser und Luftsauerstoff auf. In ihrer Heimat leben sie meistens in schlammigen Gewässern, auf Reisfeldern und an ähnlichen Orten, wo verhältnismäßig wenig Sauerstoff vorhanden ist. Damit die Fische nicht ersticken, schnappen sie von Zeit zu Zeit Luft, indem sie auf einen Augenblick den Vorderteil des Mauls aus dem Wasser herausstrecken. Die Luft saugen sie in eine besondere kleine Höhle, das sogenannte Labyrinth, über dem ersten Kiemenbogen ein. Sie vermehren sich auf interessante Art: Die Männchen bauen auf der Wasseroberfläche aus Luftblasen ein „Nest“, in dem sie Laich und Junge in den ersten Lebenstagen hüten.

### *Cichlidae*
### Buntbarsche

Diese Familie ist eine weitere Gruppe in der Reihe leicht züchtbarer Fische (jedoch nicht in der zoologischen Reihenfolge). Ihre Angehörigen erreichen oft eine ziemlich ansehnliche Größe.
Wie immer gibt es jedoch auch hier Ausnahmen. Einige Arten sind ziemlich empfindlich, ausnahmsweise vermehren sie sich nicht leicht. Die Mehrzahl der Arten benötigt ein großes Becken, und manche verwüsten das Aquarium, indem sie die Pflanzen ausgraben und sich den Grund nach ihrem Geschmack herrichten. Alle Arten aber zeichnen sich durch beträchtliche Pflege ihrer Nachkommenschaft aus, die sie im wahrsten Sinne des Wortes aufziehen. Dadurch erleichtern sie dem Aquarienfreund bedeutend die Pflege. Die Fische sind oft raubgierig und manchmal unverträglich, aber besonders zur Laichzeit prächtig gefärbt. Sie leben im warmen Amerika, Afrika und in Indien.

### *Centrarchidae*
### Sonnenbarsche

ähneln ein wenig den Cichliden, sind aber körperlich schwächer, dafür jedoch an der Rückenflosse mit mächtigen Stacheln versehen, die so zu einer wirksamen Waffe werden. Alle diese Fische sind Raubfische, nähren sich hauptsächlich von beweglicher Nahrung, die größeren Arten jagen am liebsten kleine Fische. Ein Vorteil für die Aquarienfreunde ist es, daß sich die Barsche eher in kälterem Wasser von 15–22° wohl fühlen. Einige Arten vertragen auch einen merklichen Temperaturrückgang. Sie stammen durchweg aus den Gewässern Nordamerikas.

## *Nandidae*
## Nanderbarsche

Die Angehörigen dieser Familie ähneln ein wenig den Cichliden. Sie leben aber versteckt und zeichnen sich durch auffallenden Farbwechsel aus, durch den sie sich ihrer Umgebung anpassen. Sie werden hauptsächlich in der Dämmerung lebhaft. Es sind kleine Raubfische, deren Flossen, besonders die Schwanzflosse, meist ganz durchsichtig und daher schlecht sichtbar sind. Sie stammen aus den tropischen Gebieten der Alten und Neuen Welt. Bei Aquarienfreunden sind sie beliebt.

## *Callichthyidae*
## Panzerwelse

Die Welse bilden eine Familie, die besondere Fischarten vereinigt, die sich fast ausschließlich auf dem Grund fortbewegen und dort ihre Nahrung suchen. Alle haben lange oder auch kürzere Tastbarteln, die ihr Hauptsinnesorgan darstellen.

Sie hören auch gut, sehen aber schlechter. Sie sind unauffällig, aber hübsch gefärbt, ihr Körper hat im Querschnitt die Gestalt eines Dreiecks mit langer Basis. Auf dem Grund bewegen sie sich sehr gewandt, während sie in den höheren Wasserschichten viel langsamer sind. Sie nähren sich von kleinen Wasserlebewesen, aber auch von dem Rogen und der Brut anderer Fische.

### *Cyprinidae*
### Karpfenartige Fische

Diese Fische sind die Urbewohner des Aquariums. Als erste wurde die Goldkarausche in Aquarien gezüchtet und war dank ihrer Abgehärtetheit und Anspruchslosigkeit Jahrhunderte hindurch Gefangene verschiedener gläserner Vasen, Schüsseln und Bassins und wurde der Ausgangstyp für die Veredelung der kostbaren Schleierschwänze. Auch die Mehrzahl der übrigen karpfenartigen Fische, die wir in Becken züchten, ist wirklich anspruchslos; allerdings brauchen sie die richtige Temperatur, da es sich um Bewohner warmer Gegenden handelt. Alle Arten legen Laich, nähren sich von Fleisch- und Pflanzenkost und zeichnen sich häufig durch eine prächtige Färbung aus.

### *Characidae*
### Karpfenlachse

Die kleinen Angehörigen dieser Familie sind zumeist recht bunt gefärbte, gewandte Fische, die – mit Ausnahme einiger weniger Arten – aus Südamerika, hauptsächlich aus dem Flußgebiet des Amazonas, stammen. Die Familie bildet unzählige Arten, von denen die bemerkenswerteste der bekannte Piranha *(Serrasalmo)* ist, der zwar nur 25 cm lang wird, aber eine ernste Gefahr für badende Menschen und Tiere bedeutet. Ein Schwarm dieser Fische kann sie bis auf die Knochen skelettieren. Unsere kleinen Aquarienarten sind freilich in dieser Hinsicht ganz harmlos. Die meisten haben eine kleine Zusatzflosse wie Forellen.

## *Cyprinodontidae II.*<br>Eierlegende Zahnkarpfen

Diese Fischfamilie steht den *Poeciliidae*, der ersten der bisher angeführten Gattungen, nahe. Sie umfaßt jedoch durchweg lebendgebärende Fische, deren Brut sich leicht aufziehen läßt, während die Familie der Cyprinodontidae Fische umfaßt, die sich durch Eier vermehren, deren Ausbrüten viel komplizierter zu sein pflegt. Der überwiegende Teil der Angehörigen dieser Gruppe hat einen langgezogenen Körper und eine breite Mundöffnung. Die Fische sind auffallend, aber zart gefärbt. Sie jagen hauptsächlich Würmer, Larven von Wasserinsekten und Fischbrut; größerer Beute bemächtigen sie sich durch Schnappen nach der Seite. Einige Gattungen leben hauptsächlich an der Wasseroberfläche fast auf Hechtart, andere auf dem Grunde. Die größte Zahl der Arten kommt im tropischen Afrika vor, sie leben jedoch auch in Amerika und Asien und eine Art sogar in Europa (Spanien).

*Atherinidae*
Ährenfische

Von dieser Familie werden nur ausnahmsweise mehr als zwei Arten gezüchtet und auch dann nur Angehörige einer einzigen Gattung. Es sind ansehnliche Fische von starkem Körperbau, einfachen, aber schönen Farben, die durch ihre torpedoartige Gestalt und ihre Flossen auffallend an Seefische erinnern. Zu dieser Familie gehören nämlich größtenteils kleinere Seefische, die an der Küste wärmerer Zonen leben. Manche Arten leben dauernd im Süßwasser, aber die „Meeresgestalt" des Körpers haben sie sich weiterhin bewahrt. Aus diesem Grunde ist die Art, die ich hier erwähne, für Aquarianer sicher um so interessanter.

*Centropomidae*
Glasbarsche

Diese Familie ist die letzte in unserer Aufzählung und zufällig auch die letzte in der zoologischen Reihenfolge der üblichen Aquarienfische. Ihre Angehörigen sind Fische von barschartiger Körpergestalt, aber fast durchsichtig, mit zartem Metallglanz und ziemlich klein. Die Ernährung der Brut ist sehr schwierig.

## Die Fische unserer heimischen Gewässer im Aquarium

Es wäre nicht recht, wenn ich nicht wenigstens in Kürze die Zucht einiger europäischer Süßwasserfische im Aquarium erwähnte, ob nun die Fischer sie ihres Nutzens und des Sportgenusses wegen schätzen oder sie als Raubwild und Schädlinge schmähen. Es sind dies Fische, die immerhin gelegentlich als ordentliche Mitglieder des Kollektivs der Aquarienpfleglinge anerkannt werden, während die Mehrzahl der übrigen Arten nur zufällig oder zeitweilig in unsere Becken gelangt. Außer aufschlußreichen Beobachtungen, die wir an ihnen machen können, erfreuen sie uns sicher auch durch ihre interessante Lebensart.

Diese Fische erfordern in der Regel etwas kühleres Wasser bis zu 20°. Ältere Fische, die aus der Natur eingebracht wurden, sind gegen zu warmes Wasser empfindlicher, während Fische, die von Jugend an im Aquarium aufgezogen wurden, eine Temperaturerhöhung viel leichter ertragen. Die Ausstattung des Beckens richtet sich nach Größe und Eigenschaften der Pfleglinge. Solche, die die Aquarieneinrichtung nicht beschädigen, können eine gleich schöne Ausstattung wie viele exotische Fische haben, mit dem Unterschied, daß wir besser heimische Wasserflora benutzen. Fische, die im Grund wühlen oder Pflanzen beschädigen, müssen das Becken so wie manche Cichliden eingerichtet haben.

Es ist keine Übertreibung, wenn ich behaupte, daß manche dieser Fische nicht nur genauso interessant wie ihre fremdländischen Verwandten sind, sondern sie sogar manchmal an Schönheit und Lebhaftigkeit übertreffen. Das gilt hauptsächlich von dem Moderlieschen, dem Bitterling und dem Stichling. Der Schlammbeißer und der Katzenwels sind nicht nur schöne, sondern auch wirklich dauerhafte Aquarienzöglinge. Sogar der Hecht ist als Jungfisch ein sehr beliebter Aquarienfisch.

# BILDTEIL

## *Poecilia reticulata* (Peters)
## Guppy

Der bekannteste lebendgebärende Zahnkarpfen ist zweifellos dieses hübsche, kleine Fischchen, bei dem das Männchen im Vergleich zum Weibchen auffallend klein ist. Es stammt aus dem südamerikanischen Guayana, Venezuela, den Barbados und Trinidad, wo es stellenweise in ungeheuren Mengen in größeren Sümpfen, toten Flußarmen und Bächen vorkommt.

Die importierten Fische haben größere Ausmaße als die in Aquarien gezüchteten Formen; die Männchen messen bis zu 2,8 cm, die Weibchen zuweilen über 5 cm. Die Männchen sind schlank und im großen ganzen ebenmäßig gestaltet, während die befruchteten Weibchen einen auffallend vorgewölbten Bauch haben. Ein „volles" Weibchen hat vor der Afteröffnung einen dunklen Fleck.

Die Brut wird in einer dünnen Rogenhülle geboren, die aber gleich nach der Geburt zerreißt. Die Jungfische halten sich zunächst hauptsächlich an der Oberfläche auf, wo es am wärmsten und wo am meisten kleines Futter vorhanden ist. Wenn die alten Guppy gut und abwechslungsreich gefüttert werden, bedrohen sie ihre Jungen fast nie. Temperaturen unter 18° sind für die Zucht von Lebendgebärenden im allgemeinen nicht zu empfehlen, obwohl sie bei allmählicher Gewöhnung noch tiefere vertragen können. Die Optimaltemperatur beträgt 24°.

## *Xiphophorus maculatus* GÜNTHER
## Spiegelkärpfling, „Platy“

Neben den Guppy ist die Zucht verschiedenartiger Platys sehr verbreitet und beliebt. Es sind dies 4–5 cm lange Fische (die Männchen sind kleiner), von kurzer gedrungener Gestalt, mit mächtiger, breiter Schwanzflosse. Trotz ihres stattlichen Körperbaus sind sie rege und beweglich.
Diese Fische wurden zuerst im Jahre 1907 nach Europa eingeführt. Sie stammen aus den Gewässern des südlichen Mexiko und Guatemala, wo sie auf der Atlantikseite in den Mündungsgebieten der Flüsse leben. „Wilde“ Platys sind nicht so schön gefärbt wie ihre Nachkommen im Aquarium; sie sind bräunlichgelb mit zwei dunklen Flecken vor der Schwanzflosse. Erst durch langjährige Zucht entstanden die heutigen Formen, die aber durchweg die ursprüngliche Körpergestalt beibehalten und nur Farbunterschiede aufweisen.
Wir unterscheiden ungefähr zehn derartige Rassen. Es ist das z. B. der grünliche oder gelbe Schwarze Platy, der an den Seiten einen breiten schwarzen Gürtel aus ineinander übergehenden Flecken hat; der Berliner Platy, der dem vorhergehenden ähnelt, mit dem Unterschied, daß seine Grundfärbung rot ist; der Blaue Platy, der einen graugrünen oder gelbgrünen Kopf hat, den übrigen Körper hellblau, außer dem weißlichen Bauch und am Schwanz zwei breiten schwarzen Querstreifen; der Rote Platy, hellrot leuchtend; der Goldplaty, der ganz bernsteingelb ist, und andere.

### *Xiphophorus helleri* HECKEL
### Schwertträger

Ein stattlicher Lebendgebärender aus dem südöstlichen Mexiko, nach Europa im Jahre 1909 eingeführt. In Aquarien wurden frisch eingeführte Fische durchschnittlich um 2–4 cm größer als die heutigen Exemplare, bei denen die Männchen ohne Schwert ungefähr 6 cm und die Weibchen bis 9 cm messen. Gerade bei Xiphophoren als größeren Fischen trat die dauernde Zucht in unverhältnismäßig kleinen Becken deutlich in Erscheinung. Die Fische verkleinerten sich sichtlich. Xiphophoren gehören nicht nur zu den am schönsten Gefärbten, sondern auch zu den am elegantesten gebauten Lebendgebärenden. Ihr Körper ist stattlich, dabei aber schlank, die Flossen ziemlich groß, die Schwanzflosse der Männchen an der Unterseite zu einem langen, schwertförmigen, manchmal etwas gebogenen Fortsatz verlängert. Die Weibchen sind stärker als die Männchen, aber der Unterschied ist nicht so auffällig wie beim Guppy.

Da diese Fische wegen ihrer relativen Größe manchmal dennoch der kleinen Jungbrut gefährlich werden, ist es notwendig, die trächtigen Weibchen abzusondern und gut zu füttern.

Im Zuchtaquarium soll ein niedriger Wasserstand von 15–20 cm gehalten werden, und außerdem soll das Becken genügend mit dichten Pflanzen zum Schutz vor eventuellem Kannibalismus der Mutter bewachsen sein.

## *Poecilia latipinna* (LESUEUR)
## Breitflossenkärpfling

Alle Mollienisia sind größere, stattliche Lebendgebärende; bei der ganzen Gattung tritt eine auffallende Vergrößerung der Rückenflosse in Erscheinung. Besonders *M. velifera* und *M. latipinna* haben sehr verbreiterte Rückenflossen. *M. velifera* kommt hauptsächlich auf der Halbinsel Yucatan vor, *M. latipinna* in den Süß- und Brackwässern des Südost-Ufers Nordamerikas, und M. *sphenops* lebt entlang der Küste von Nordamerika bis Venezuela.

Im Aussehen erinnern sie an Xiphophoren, von denen sie sich durch die vergrößerte Rückenflosse und die breitere Schwanzflosse unterscheiden. Die Weibchen allerdings haben diese Merkmale viel weniger ausgeprägt. *M. latipinna* ist glänzend olivgraugrün mit undeutlichen, dunklen, kleinen Flecken; die Männchen haben an den Seiten fünf längliche, dunkle Streifen, zwischen denen sich perlmutterartig glänzende Punktreihen hinziehen. Die Mollienisia sind zum Teil Pflanzenfresser. Deshalb ist es gut, die Fische von Zeit zu Zeit mit zerstoßenem Salat und ähnlichem zuzufüttern. Die Temperatur bei Aufzucht der Brut soll lieber etwas höher sein, bis zu 26°, den Ausgewachsenen genügen 22–24°. Sobald die Männchen anfangen, die Weibchen zu begleiten, muß man sie absondern und eine Zeitlang isolieren, bis sie zu voller Größe herangewachsen sind. Die Weibchen gebären immer nach 4–6 Wochen.

## *Belonesox belizanus* Kner
## Hechtkärpfling

Dieser Fisch gehört auch der Familie der *Poeciliidae* an, ist aber unserem Hecht sehr ähnlich. Er wird in der Natur bis zu 20 cm und im Aquarium bis zu 15 cm lang, und das Ergebnis der übereinstimmenden (konvergenten) Lebensweise mit dem Hecht ist gut zu sehen: die kleine, nach hinten verlagerte Rückenflosse, der lange, torpedoförmige Körper, das beträchtlich verlängerte, mit einer Menge scharfer, langer Zähne bewaffnete Maul und die unauffällige Färbung.

Der Belonesox sieht nicht nur wie ein Hecht aus, sondern lebt auch so, außer daß er lebende Junge gebärt und nicht laicht. Er kommt in Gebieten von Südmexiko bis Guatemala vor; zuerst wurde er im Jahre 1909 eingeführt.

Der „lebendgebärende Hecht" ist nicht gerade ein beweglicher Fisch. Den ganzen Tag über hält er es fast bewegungslos unter einer Ansammlung von Wasserlinsen oder im Schatten von Seerosen aus und bewegt nur die großen Augen, bereit, sich auf jedes kleinere Lebewesen zu stürzen. Seine Hauptbeute bleiben auch im Aquarium Fische; nur die Brut nährt sich in der ersten Zeit von Daphnien und Enchyträen, aber die ausgewachsenen Exemplare würden davon nicht satt. Außer Fischen fangen sie freilich auch Larven von Wasserinsekten, Regenwürmer, Kaulquappen und manchmal auch rohe Fleischstückchen. Die Weibchen fangen und fressen oft schwächere Männchen.

*Macropodus opercularis* (LINNÉ)
Paradiesfisch

Ein buntgefärbter, braunroter und metallisch blaugrün gestreifter Fisch mit seitlich abgeplattetem Körper. Die Männchen haben auffallend verlängerte unpaare Hinterflossen, besonders die Schwanzflosse, die eine Art Fächer mit langen, vorspringenden Zipfeln bildet. Die Männchen sind etwas größer als die Weibchen, die nicht so schön gefärbt sind und auch keine so entwickelte Flosse haben.

Der Paradiesfisch stammt aus dem tropischen und subtropischen Asien – aus Hinterindien und China. Da es leicht ist, ihn zu züchten, und seiner ungewöhnlichen Schönheit wegen wurde er zu einem der verbreitetsten Aquarienfische.

Zur Zucht wird eher ein kleineres Becken mit nicht hohem Wasserstand und niedrigen dichten Pflanzenstöcken empfohlen. Die Temperatur soll höher sein, optimal 25°. Bei dieser Temperatur sind die Paradiesfische am schönsten gefärbt und wachsen am schnellsten. Bei niedrigerer Temperatur gedeihen sie zwar auch, wachsen aber langsamer und erreichen keine derartige Größe. Plötzlicher Temperaturwechsel ist für Paradiesfische sehr schädlich. An der Reinheit des Wassers liegt ihnen jedoch nicht viel, im Gegenteil, schlammiges Wasser ist ihnen lieber als klares.

Die Hauptnahrung der Paradiesfische sind, sobald sie etwas herangewachsen sind, Regenwürmer und Larven von Wasserinsekten.

## *Betta splendens* Regan
## Kampffisch

Im Jahre 1892 brachte Jeunette einen merkwürdigen Fisch nach Paris, der aus dem tropischen Südostasien stammte. Er war klein, im ganzen unauffällig, aber die erwachsenen Männchen setzten einander arg zu, öffneten die breiten beweglichen Kiemendeckel wie einen Schild und griffen einander so heftig an, daß sie sich ernstlich verletzten. Dabei leuchteten sie in herrlichen feurigen Farben.

Früher aber als die Europäer züchteten diesen Fisch die Malaien. Bis zum heutigen Tage züchten sie die Männchen des Kampffisches in Gefäßen, füttern sie und sorgen gut für sie, denn sie sind die Hoffnung auf einen schönen Verdienst. Ausgesuchte, starke Männchen läßt man mit ihren Gefährten kämpfen, während ihre Besitzer Wettbeträge auf den Sieg ihrer Pfleglinge einnehmen. Der Kampf pflegt nur ausnahmsweise grausam zu sein – die Fische umschwimmen einander zunächst, dann unternehmen sie rasche Angriffe, auf die ungeschützten Stellen ihrer Gegner, beißen und zerren einander wütend, aber am Ende tragen hauptsächlich nur die Flossen den Schaden davon, die jedoch bald wieder heilen.

Die optimale Temperatur beträgt 26–28°, das Minimum soll 22° sein.

Das geeignetste Futter für erwachsene Kampffische sind kleine Regenwürmer und Insektenlarven, besonders die der Mücken und Zuckmücken.

## *Colisa lalia* (HAMILTON-BUCHANAN)
## Zwergfadenfisch

Der kleinste der Anabantiden, die wir züchten, ist der Zwergfadenfisch. Es ist ein höchstens 5 cm langer Fisch mit einem seitlich abgeplatteten Körper, dessen paarige Brustflossen in lange, fadenförmige und bewegliche Anhängsel umgewandelt sind.

Der Zwergfadenfisch stammt aus dem Norden Vorderindiens, wo er in seichten, aber reinen, gut durchwärmten Gewässern lebt. Das Männchen ist sehr schön gefärbt. Der Grundton ist rot, die Kehle, Teile, der Flossen und die Streifung sind metallisch blaugrün. Das Weibchen ist viel unauffälliger gefärbt.

In einem Becken, in dem sich Zwergfadenfische befinden, sollen genügend Nitellen vorhanden und das hintere Glas mit Algen bewachsen sein, die ihnen teilweise zur Nahrung dienen. Sie jagen hauptsächlich Daphnien, Enchyträen, Mückenlarven und Zuckmücken. Am besten gedeihen sie, wenn täglich wenigstens eine Weile die Sonne auf das Wasser scheint. Sonst ist es notwendig, auch im Sommer das Aquarium mit einer Glühbirne zu bestrahlen. Auf dem Wassespiegel sollen Schwimmpflanzen vorhanden sein.

Die Optimaltemperatur beträgt 25°, für Laich und Brut 26°, zur Aufzucht genügen 22°. Das Aquarium soll geräumig sein, nur spärlich bewachsen, damit sich die Fische nicht ständig verstecken, die Wasserhöhe soll 15–20 cm betragen.

## *Trichogaster trichopterus sumatranus* Ladiges
## Blauer Fadenfisch

Dies ist ein großer Fadenfisch, der 12 cm lang wird, aber in Aquarien wegen seiner Friedfertigkeit sehr beliebt ist. Er hat jedoch ein zu kleines Maul, als daß er anderen Fischen ernstlich schaden könnte. Dennoch vermag das Männchen in der Zeit, da es die Nachkommenschaft bewacht, die übrigen Fische energisch zu vertreiben.
Er wird in zwei Formen gezüchtet, hell-grausilbern und hell-blaugrau. Die letztere Form stammt von der Insel Sumatra; die erste hat ein weites Verbreitungsgebiet, denn sie kommt in Vorder- und Hinterindien vor.
Auch dieser verhältnismäßig große Fisch nährt sich hauptsächlich von kleiner Wasserfauna, jagt aber ebenfalls am Wasserspiegel hängengebliebene Fliegen und auch kleine Regenwürmer. Er frißt auch Süßwasserpolypen und Strudelwürmer und läßt sich deshalb überall verwenden, wo sich diese unerwünschten Gäste vermehrt haben.
Die längeren Fadenfische haben lieber einen größeren Behälter und eine Wasserhöhe von 40–50 cm, das Zuchtbecken soll jedoch nur einen Wasserstand von 15–20 cm haben. Das Laichen erfolgt im Laufe einiger Wochen auch mehrmals, und das Weibchen legt auf einmal 200–1000 Eier, manchmal auch mehr. Das Männchen hütet dagegen aufopfernd den Laich und die Jungbrut. Die Brut schlüpft häufig schon nach einem Tag aus. Die Optimaltemperatur beträgt 25°, sonst genügen 22°.

*Trichogaster leeri* (Bleeker)
Mosaikfadenfisch

Zu den schönsten Anabantiden gehört dieser Fisch, der manchmal auch Perl- oder Mosaik-Gurami genannt wird. Er ist hellgrau mit einem blauen Schimmer; vom Maul über das Auge bis zur Mitte des Körpers zieht sich eine schwarze, gebrochene Linie, vor der Schwanzflosse befindet sich ein dunkler Fleck, und der ganze Körper sowie die Flossen sind übersät mit milchig glänzenden, perlartigen Flecken. Die Männchen sind besonders in der Laichzeit prächtig gefärbt – die ganze untere Hälfte des Kopfes, die Kehle und der Bauch sind rosarot.
Dieser Fisch wurde erst im Jahre 1933 eingeführt, aber überall heimisch, wo Aquarienfreunde leben. Er erfordert keinen allzu hohen Wasserstand, aber klares Wasser von 22—28°. Der Behälter soll bewachsen sein, aber einige freie Stellen haben und weichen, sandigen Grund.
Die geeignetste Temperatur beträgt 27°, im Winter genügen 22°. Der *Trichogaster leeri* lebt in der Natur in Siam, auf der Malaiischen Halbinsel und auf Sumatra, wo in den seichten Gewässern hohe Tagestemperaturen herrschen. Er jagt kleine Wassertiere und Fliegen, an die er sich jedoch im Aquarium von neuem gewöhnen muß, denn durch das Füttern mit Wasserflöhen gewöhnte er sich diese Nahrung schon nach einer Generation ab. Er nimmt auch kleine Regenwürmer zu sich.

## *Hemichromis bimaculatus* Gill
## Roter Buntbarsch

Seine Heimat sind die afrikanischen Tropen nördlich vom Äquator. Zum Unterschied von vielen anderen Fischen ist das Weibchen auffallender gefärbt als das Männchen. Die Grundfärbung ist graubraun, unten heller. Am Körper befinden sich drei dunkle, runde Flecke; am Schwanz, ungefähr in der Mitte des Körpers und am Kiemendeckel erscheinen bei Reizung Reihen bläulicher Punkte. Der Fisch ist recht stark und entwickelt auf kürzere Entfernung eine beträchtliche Schnelligkeit, so daß er leicht kleine Lebendgebärende fängt, von denen er sich am liebsten nährt.

Zu anderen, auch größeren Fischen benimmt er sich häufig sehr unfreundlich und kämpft selbst mit den Angehörigen seiner Art, sobald er etwas herangewachsen ist. Wegen dieser Eigenschaft ist es oft schwierig, ein geeignetes Zuchtpaar zusammenzustellen. Dennoch ist diese Cichlide wegen ihrer Schönheit und weil sie keine geräumigen Becken erfordert sehr beliebt. Dafür ist sie gegen niedrige Temperaturen sehr empfindlich. Das Minimum soll 22° betragen, die Optimaltemperatur 28°.

Die Jungen verbrauchen viel Futter, zunächst Aufgußtierchen und dann ständig größeres Plankton, Entrychäen, Brut von Lebendgebärenden und kleine Fliegen. Erwachsene Hemichromiden jagen kleinere Fische, Kaulquappen, Molche, Regenwürmer, Insektenlarven und ähnliches.

## *Hemihaplochromis multicolor* (Hilgendorf)
## Vielfarbiger Maulbrüter

Diese kleine, ungefähr 5 cm erreichende Cichlide stammt aus Ägypten. Der Fisch wechselt ziemlich die Färbung, besonders schön ist jedoch das Männchen zur Laichzeit gefärbt: perlmutterglänzend, mit roten und blaugrünen Flecken und Streifen geschmückt.

Dieser Fisch ist im allgemeinen friedliebend, nur zur Zeit, da er Eier und Brut versorgt, vertreibt er die übrigen Fische. Er zerstört aber nicht den Bewuchs und Grund im Becken. Er ernährt sich in der Hauptsache von kleinen Larven und Würmern, Wasserflöhen und ähnlichem Futter, so daß er zu den Raub-Cichliden gehört. Die Wassertemperatur muß höher (24 bis 28°) sein. Ein ungefähr 50-Liter-Becken genügt.

Zur Laichzeit höhlt das Männchen im Sand eine kreisförmige Mulde aus, in die das Weibchen den Laich ablegt, und zwar immer nur einige Eier auf einmal. Gleichzeitig befruchtet sie das Männchen, woraufhin sich etwas Sonderbares ereignet – das Weibchen sammelt die Eier und hinterlegt sie in ihrem sackartig ausgedehnten Unterkiefer. Das wird so lange wiederholt, bis alle Eier, manchmal über hundert Stück, im Maule des Weibchens untergebracht sind. Dieses kann keine Nahrung aufnehmen, solange sich die Jungen nicht entwickeln, was durchschnittlich 8–12 Tage dauert. Dann muß man das Männchen entfernen.

## *Aequidens pulcher* (GILL)
## Blaupunktbarsch

Dieser gehört in die Reihen der einander ziemlich ähnlichen Arten stattlicher Cichliden, die durchweg aus den heißen Gegenden Amerikas stammen. Das Maul dieser Fische ist kleiner und spitzer als bei der Gattung Cichlasoma. Der Körper ist seitlich abgeplattet, die Stirn gewölbt.

Das Wachstum ist häufig ungleichmäßig, denn manche Junge wachsen schneller, andere langsamer.

Der Blaupunktbarsch ist im ganzen hellgrau mit einem bläulichen Anflug und quer dunkel gebändert. Über Auge und Wange zieht sich ein dunkler Querstreifen. Die Rückenflosse ist sattrot umrahmt. An Kopf und Kiemendeckeln befindet sich eine Menge diamanten glänzender Tüpfel. Die Färbung behält der Fisch auch außerhalb der Laichzeit bei.

Die Geschlechtsunterschiede sind nicht auffallend, aber immerhin bemerkbar. Beim Laichen ist das Weibchen stärker gefärbt. Ein wichtiges Merkmal der erwachsenen Männchen ist die Verlängerung der Rücken- und Afterflosse zu einem dünnen Zipfel, während bei den Weibchen die Enden dieser Flossen abgerundet sind. Der Fisch wächst im Aquarium bis zu einer Länge von 12 cm und ist ein ziemlich verträglicher und ruhiger Insasse. Er jagt verschiedene kleine Nahrung, hauptsächlich aber Würmer und Insekten. Die Optimaltemperatur beträgt 24°.

## *Cichlasoma meeki* (Brind)
## Rotbrustbuntbarsch

Diese Cichlide gehört zu den schönsten Bewohnern der Aquarien. Nach Europa wurde sie im Jahre 1933 von der mittelamerikanischen Halbinsel Yukatan, wo sie bis zu 17 cm lang wird, eingeführt. In Aquarien messen erwachsene Einzeltiere 10–12 cm. Der Fisch hat ein keilförmig verlängertes Maul, in Spitzen auslaufende Flossen, und der ganze Unterteil des Körpers einschließlich der Kiemendeckel ist prachtvoll rot. Am unteren Teil der Kiemendeckel befindet sich ein schwarzer, goldumrandeter Fleck in einem hellroten Feld. Rükken und Seiten sind hellgrau mit dunkleren Streifen. Der Rotbrustbuntbarsch ist ziemlich verträglich und beschädigt gewöhnlich auch die Pflanzen im Becken nicht; manchmal allerdings wirbelt er durch sein Herumpatschen im Sand den Schlamm auf. Er lebt gern versteckt, verborgen im Dickicht der Wasserpflanzen, gewöhnt sich jedoch mit der Zeit ein und kommt zu dem angebotenem Futter herangeschwommen. Am liebsten frißt er Regenwürmer, Fische fängt er gewöhnlich nicht und beachtet sie nicht. Untereinander vertragen sich diese Cichliden im ganzen gut, Männchen mit geblähten Kiemendeckeln und dem feurigsten Farbenspiel raufen zwar manchmal, aber diese Gefechte pflegen nicht gefährlich zu sein. Die geeignete Temperatur beträgt 22–26°.

## *Cichlasoma biocellatum* Regan
## Zweipunktbuntbarsch

Einer der glänzendsten Aquarienfische ist diese Cichlide, die von amerikanischen Aquarienfreunden wegen ihrer Rauflust und Stärke nach dem seinerzeit populären Boxer Jack Dempsey genannt wird. Am ganzen Körper und auf den Flossen des erwachsenen Männchens erstrahlen Reihen blaugrüner Punkte auf satt schwarzbraunem Untergrund. Das Weibchen ist ebenso gefärbt, aber weniger auffallend. Die Fische wechseln sehr schnell die Farbe.

Der Zweipunktbuntbarsch stammt aus dem tropischen Amerika, besonders in Brasilien kommt er häufig vor, wo er in den Untiefen der Flüsse und Seen lebt und bis zu 20 cm heranwächst. In unseren Behältern ist die Durchschnittslänge erwachsener Einzeltiere etwa 16 cm. Die Wassertemperatur soll mindestens 22° betragen, am günstigsten sind 26–28°. Die Zweipunktbuntbarsche laichen mit Vorliebe auf großen Steinen ab. Die Jungen schlüpfen in wenigen Tagen aus und verbergen sich in Mulden, die gewöhnlich das Männchen ausgräbt. Nach etwa fünf Tagen beginnen die Eltern sie zu begleiten. Diese Cichlide gedeiht nur in wirklich großen, und zwar gut durchlüfteten Becken; denn es ist schade, sie mit Gewächsen zu bepflanzen, die von den Fischen vernichtet werden. Sie nähren sich von kleineren Fischen, Molchen, kleinen Fröschen, Regenwürmern, Mehlwürmern und anderen Insekten. Sie werden zwölf und mehr Jahre alt.

## *Nannancara anomala* (REGAN)
## Glänzender Zwergbuntbarsch

Die schöne Zwergcichlide aus Südamerika (Venezuela, Bolivien, Kolumbien) ist beim Aquarienfreund sehr beliebt. Sie lebt in ruhigen Bächen und kleinen Flüssen mit reichlich untergetauchtem Pflanzenwuchs. Auch im Aquarium hat sie gern Licht und dichtes Pflanzenwerk.

Die Färbung ist einfach, aber schön. Auf grünlich gelbbraunem Grunde sitzt auf jeder Schuppe ein kleiner, dreieckiger, brauner Fleck. Der ganze Körper glänzt goldgrün. Das Auge ist rot oder gelbrot, die Pupille schwarz. Beim Laichen ist das Weibchen meist stärker gefärbt.

Nach Ablegen der Eier auf einen Stein oder einen anderen Gegenstand übernimmt das Weibchen die weitere Pflege, wird aber oft vom Männchen weggetrieben, so daß man dies ausfischen muß. Auch das Weibchen höhlt kleine Mulden für die Brut aus, und nicht selten trägt es die Brut von einer Mulde in die andere. Die Jungen schlüpfen nach zwei, drei Tagen aus den Eiern und schwimmen nach vier bis sechs Tagen davon. Man hat beobachtet, daß das Weibchen von Zeit zu Zeit Schlamm vom Grund sammelt und ihn zwischen die Brut bläst, wahrscheinlich, damit sie auf diese Weise aufgewirbelte Aufgußtierchen fangen kann. Der Zwergbuntbarsch ist ein ruhiger und im ganzen friedlicher Fisch, der sich hauptsächlich von Würmern und Insektenlarven nährt. Die Optimaltemperatur beträgt 26°.

## *Apistogramma ramirezi* MYERS & HARRY
## Schmetterlingsbuntbarsch

Zu den kleinen und dabei sehr schönen Cichliden gehört die Gattung Apistogramma, die von den Aquarienfreunden mit ständig wachsender Vorliebe gezüchtet werden, um so mehr, als in letzter Zeit wieder neue schöne Arten entdeckt wurden. Alle stammen aus Südamerika.

Die Gesamtfärbung ist blau mit violetten Glanzlichtern, das Maul und der Stirnteil des Kopfes sind rot. Vom Rücken ziehen sich bis zur Seite einige Reihen dunkler Flecken, die in nicht vollständige Querbänder übergehen. Ein großer, dreieckiger Fleck begrenzt auch das Auge. Zur Laichzeit strahlen die Fische, besonders die Männchen, intensiv blauviolett. Sie wachsen bis zu 6 cm heran. Sie verlangen etwas alkalisches Wasser von $p_H$ 7,2 bis $p_H$ 7,4. Die Wasserhöhe soll ungefähr 15 cm betragen. Sie verbergen sich gern und bleiben immer etwas scheu.

Schmetterlingsbuntbarsche beschädigen weder die Pflanzen noch den Grund, nur zur Laichzeit höhlt das Männchen eine Mulde im Sande aus. Manchmal laichen jedoch die Fische auf einem flachen Stein ab, ja sogar auf breiten Blättern. Beide Eltern hüten Laich und Brut, aber nach den bisherigen Erfahrungen ist es besser, die Alten zu entfernen, da sie manchmal die Brut auffressen. Die Jungen schlüpfen nach zwei bis fünf Tagen aus, und im Alter von 8-10 Tagen nehmen sie kleines Futter zu sich, besonders „Mikrowürmchen".

## *Pterophyllum scalare* (LICHTENSTEIN)
## Segelflosser

Zu den Cichliden gehören auch zarte Wesen von gebrechlichem Reiz. Von zwei eingeführten Formen verschwand fast ganz die kleinere *Pterophyllum eimekei* C. v., gerade aus dem Grunde, denn nicht einmal bewährte Züchter erreichten viel damit, und so blieb *Pterophyllum scalare*, das sich leichter vermehrt, oder auch Mischlinge beider Arten. Heute ist diese Art keine Seltenheit und läßt sich leicht züchten. Die Verwandtschaft mit den Cichliden können aber die Segelflosser nicht verleugnen, denn sie nähren sich hauptsächlich von Lebendfutter. Sie können eine ziemliche Schnelligkeit entwickeln, um einen Guppy oder einen anderen kleinen Fisch, eine Kaulquappe, Larven und verschiedene weiche Insekten zu erjagen. Sie reißen aber auch Algen und Stückchen zarter Blätter ab. Am besten gedeihen sie bei abwechselnder Fütterung mit Fischbrut und Mücken- und Zuckmückenlarven.

Die Temperatur soll eher etwas höher sein, um 26°, wenn auch die Fische eine Temperatur von 18° ertragen, ohne Schaden zu nehmen, sofern sie nicht dauernd anhält.

Die Brut geht sehr bald zu ziemlich großer Nahrung über, wie z. B. gesiebten Hüpferlingen, so daß es mit der Futterbeschaffung keine allzugroßen Sorgen gibt. Von den gelegten Eiern, deren Zahl bis zu 600 beträgt, schlüpfen in der Regel die Hälfte bis zwei Drittel Jungfische aus.

*Symphysodon discus* (Heckel)
Diskusbuntbarsch

Schon im Jahre 1914 wurde ein sonderbarer, herrlicher Fisch vom Mittellauf des Amazonas nach Hamburg gebracht. Die Aquarianer hörten erst im Jahre 1921 von seiner Existenz, und erst viel später wurde diese seltene Attraktion der weiteren Öffentlichkeit bekannt. Heute vermehrt sie sich schon in geeignet eingerichteten Becken.
Dieser ungekrönte König der Aquarienfische und die Sehnsucht aller ernsthaften Aquarianer wird in der Natur ungefähr 20 cm groß, im Aquarium 12–15 cm. Er ist von ganz scheibenförmiger Gestalt, seitlich merklich eingedrückt wie Pterophyllum, aber zum Unterschied von ihm hat er keine verlängerten Flossen. Der Fisch ist einfach, aber dabei ungewöhnlich auffallend gefärbt. Das Männchen hat auf graubraunem Untergrund mit olivfarbenem Anhauch einen eigentümlich blauen Glanz. Quer über den Körper ziehen sich dunkle Streifen. Auf dem Kopf und dem oberen Teil des Rückens sowie auf dem Bauch befinden sich kürzere längs und schief gestellte, hellblau leuchtende, unregelmäßige Streifchen. Der Bauch ist karminrot, der Saum der Brustflossen, der Rücken- und Afterflosse hellrot. Das Weibchen hat einen fahlbraunen Grundton, und auch die übrige Färbung ist weniger hell.
Zuerst wurden diese Fische in zu warmem Wasser bis zu 29° gezüchtet, heute verwenden die Züchter Temperaturen von 24–27°.

## *Elassoma evergladei* JORDAN
## Zwergsonnenbarsch

Diese kleinste Centrarchide erfreut sich wegen ihrer Bescheidenheit und der Schönheit des Männchens zur Laichzeit großer Beliebtheit. Sie stammt aus den Gewässern in den Gebieten von Nordkarolina bis nach Florida. Sie nährt sich nur von kleiner Wasserfauna, anderen Fischen weicht sie ängstlich aus. Man kann sie auch in kleinen, mit zarteren Pflanzenarten gut verwachsenen Aquarien züchten. Die Aquarianer nennen sie „Schwarzbarsch".

Das Weibchen ist unauffällig graubraun oder gelbbraun gefärbt, die Männchen sind dunkler, schwarzbraun oder schwarzgrau, in der Erregung werden sie fast schwarz. Auch die Flossen, die sonst farblos durchsichtig sind, verfärben sich dann schwarz. Auf dem schwarzen Grund des Schwanzteiles glitzern sechs bis sieben blaugrüne Querstreifen, die verschwinden und wieder auftauchen. Bei etwas höherer Temperatur schlüpfen die Jungen schon nach zwei bis drei Tagen aus, sonst dauert das Ausbrüten fast eine ganze Woche. Die Brut hängt zwei Tage an Pflanzen, dann läßt sie sich entweder zu Boden sinken oder hält sich in einem Versteck an der Oberfläche auf. Lange nährt sie sich von Aufgußtierchen, später von kleinsten gesiebten Daphnien und Hüpferlingen. Die Alten beachten die Brut nicht, sofern sie selbst genügend Futter haben, so daß man in Gemeinschaftsaquarien mehrere Generationen aufziehen kann.

## *Mesogonistius chaetodon* (BAIRD)
## Scheibenbarsch

Ein kleiner, reizender Fisch mittlerer Größe, friedlich und abgehärtet, der nur einen gut bepflanzten Behälter braucht, angesäuertes Wasser und etwas Lebendfutter. Seine Heimat sind die Flüsse und Bäche im östlichen Teil von Nordamerika. Er wächst zu einer Länge von ungefähr 10 cm heran, heute jedoch sehen wir in Aquarien größtenteils kleinere Exemplare. Als Aquarienfisch ist der Scheibenbarsch schon viele Jahrzehnte bekannt. Nach Europa wurde er im Jahre 1900 eingeführt, und im Jahre 1902 gelang erstmals seine Vermehrung.

Aus bloßer Unkenntnis des Lebensmilieus dieses abgehärteten Fisches, der sich in der Natur auch in Gewässern aufhält, die im Winter stellenweise auf kurze Zeit zufrieren, begannen die Züchter ihn in erwärmten Becken zu vermehren. Dadurch verweichlichte er, wuchs schlecht, und ein großer Teil des Laichs ging zugrunde. Erst in neuerer Zeit kam man darauf, daß zuviel Wärme gerade diesem Fische schadet. Er laicht bei 14-20°; bei derselben Temperatur schlüpft auch die Brut aus. Die erwachsenen Scheibenbarsche tun der Brut nichts zuleide, wenn sie ausgiebig gefüttert werden. Wenn es in einem großen, schönen Becken von einem Schwarm einiger hundert kleiner Scheibenbarsche mit ihren Eltern wimmelt, ist das ein überaus schöner Anblick.

*Enneacanthus gloriosus* (HOLBROOK)
Diamantbarsch

Die Diamantbarsche sind vorsichtige Fische, die stundenlang wie kleine Steinchen auf dem Sandboden liegen und sich dann pfeilschnell auf die herannahende Beute stürzen. In der Färbung ähneln sie ihrer Umgebung so, daß man sie wirklich nur schwer wahrnehmen kann. Eine Temperatur von 20° sagt ihnen im Sommer durchaus zu, im Winter darf die Temperatur auf 6–10° sinken. Das Wasser muß so rein wie möglich sein, und die Barsche erhalten es auch so, weil sie den Detritus nicht durchsuchen.
Diese Barsche sind schon richtige Raubtiere und bemächtigen sich mit Vorliebe kleiner Fische und anderer größerer Lebewesen, besonders Regenwürmer. Sie verdauen rasch und verbrauchen viel Futter. Vor größeren Fischen fürchten sie sich, und keinesfalls passen sie in ein „Gesellschaftsbecken". Wegen ihrer Verträglichkeit untereinander und geringen Beweglichkeit kann man einen ganzen Schwarm dieser Barsche auch in kleineren, gut belichteten Becken züchten. Gute Belichtung ist nötig, damit die Pflanzen genügend Sauerstoff entwickeln. Die Winterzeit können die Barsche in einem Raum verbringen, in dem sich die Temperatur auf dem erforderlichen Minimum von 10° hält.

*Lepomis gibbosus* (LINNÉ)
Gemeiner Sonnenbarsch

Der Gemeine Sonnenbarsch, auch Gemeiner Sonnenfisch genannt, ist ein sehr hübsch gefärbter Fisch, bis zu 15 cm lang und bis zu 150 g schwer. Er ist ein längst bekannter Aquarienfisch und wird zu diesem Zwecke in den großen Seen und Flüssen im Südosten Nordamerikas gefischt.
Im Verhältnis zu seiner Größe verschlingt er sogar einige Zentimeter lange schlanke Fische. Außerdem jagt er alle übrige lebende Nahrung, der er habhaft werden kann. Im Sommer hält er sich in den oberen Wasserschichten auf, im Winter pflegt er in der Tiefe zu schlafen.
Im Aquarium ist er ein ruhiger, friedliebender Insasse, der sehr dekorativ ist, aber kleinen Fischen gefährlich wird. Im Sonnenlicht glänzt er olivgrün mit blauen und roten Flecken. Zur Laichzeit ist dieser Barsch besonders schön, denn da tritt die Orangefärbung der unteren Flossen und der Regenbogenglanz der Schuppen auffallend hervor. Er erfordert ein geräumiges Becken und sauberes, abgestandenes Wasser.
In der Natur laicht er im Mai und Juni in eine Mulde ab, die gewöhnlich einen Durchmesser bis zu 30 cm hat. Zum Unterschied von den vorhergehenden Barscharten hütet das Männchen des Sonnenfisches Laich und Brut sehr mannhaft und vertreibt auch das Weibchen. Im Aquarium jedoch muß man nach dem Ausschlüpfen der Brut auch das Männchen entfernen.

*Polycentrus schomburgki*
(MÜLLER & TROSCHEL)
Südamerikanischer
Vielstachler

Der Polycentrus stammt aus den Mündungsgebieten der Flüsse Guayanas, Venezuelas und der Insel Trinidad.

Der Vielstachler wechselt seine Färbung genauso häufig wie der Blaubarsch. Manchmal ist er hellgrau oder braun, ein andermal blaugrau oder rotbraun, immer mit schrägen, dunklen Bändern und verschiedenen dunklen oder hellen Flecken geschmückt. Das Männchen ist manchmal samtschwarz. Das Weibchen ist niemals so dunkel, eher dunkel marmoriert. Der ganze Körper ist seitlich fast scheibenförmig abgeplattet. Am Kopf stehen große Augen und ein breit gespaltenes Maul hervor, das sich gegebenenfalls zu einem breiten, schlauchartigen Gebilde auftut.

Diese Fische halten sich auf dem Grunde, wo sie sich in dunklen Verstecken verbergen, am liebsten in kleinen Blumentöpfen. Nur während der Dämmerung oder zur Laichzeit wagen sie sich weiter vom Versteck weg. Wenn sich ein kleineres Lebewesen nähert, stürzt sich der Fisch darauf, ergreift und verschlingt es, auch wenn die Beute verhältnismäßig groß ist. Zum Beispiel verschlingt ein 6 cm langer Fisch ohne weiteres zwei bis drei Guppyweibchen. Er frißt allerdings auch kleine Regenwürmer, Enchyträen und ähnliches. Es wird eine höhere Temperatur von 24–28° empfohlen.

## Panzerwelse
*Corydoras paleatus* (JENYNS)
Punktierter Panzerwels

Es wurde aus seiner Heimat, dem Südosten von Südamerika, schon im Jahre 1885 nach Europa eingeführt. Er ist hell olivbraun oder graubraun und dunkel gefleckt, das Auge ist klein, die Rückenflosse hoch. Der Fisch kann bis zu 9 cm lang werden, ist aber gewöhnlich kleiner.
Der Panzerwels ist ein geselliger Fisch, der sich in recht zahlreicher Gesellschaft von Gefährten wohlfühlt, mit denen er sich ausgezeichnet verträgt. Nicht einmal zur Laichzeit kommt es zu Scharmützeln zwischen diesen zarten Wesen. Die Männchen sind so friedliebend, daß sie sich wegen der Weibchen nicht zanken, ob es nun bald diesem oder bald jenem den Vorzug gibt. Die Friedlichkeit der Fische entspringt jedoch nicht dem gesellschaftlichen Takt, sondern dem Mangel einer geeigneten Waffe, mit der sie einander Schaden zufügen könnten.
Die Welse wühlen gern im angesammelten Schlamm und wirbeln ihn dadurch auf. Deshalb ist es nötig, den Schlamm öfter mit dem Heber zu entfernen, damit der Grund und das Wasser ständig sauber bleiben. Es empfiehlt sich eher ein größeres Becken und eine Wasserhöhe von 20–30 cm. Außer einigen Nitellenbüschen soll der übrige Pflanzenbewuchs gut verwurzelt und kräftiger sein, damit ihn die Fische nicht ausgraben können. Gegen Temperaturschwankungen sind Welse nicht empfindlich.

*Danio malabaricus* (JERDON)
Malabarbärbling

Dieser gehört zu den dekorativsten karpfenartigen Fischen, braucht aber viel Raum, damit er mit seinen Gefährten stets rastlos und flink das Becken durchschwimmen kann. Er wird 10 cm groß, in kleineren Aquarien jedoch kaum 8 cm. Er stammt von der Insel Ceylon und aus den Flüssen der westlichen Küste Vorderindiens.

Der Fisch hat auf silbrig glänzendem Grunde zwei blaue Längsstreifen, von denen der obere bis in die Schwanzflosse verläuft. Zwischen den blauen Streifen sind zwei goldgelbe Streifen, und hinter dem Kiemendeckel befinden sich einige goldgelbe Flecke. Die Bauch- und Afterflossen sind rosenrot, die Rücken- und Schwanzflossen bläulich.

Die Malabarbärblinge nähren sich hauptsächlich von verschiedenen kleinen Lebewesen, fressen aber auch kleine Gebäckstückchen und erjagen gewandt Fliegen vom Wasserspiegel. Sie fallen jedoch auch Fische von der Größe der Guppymännchen an. Diese Bärblinge sind nicht scheu, gewöhnen sich bald ein und nehmen dargereichtes Futter aus der Hand an.

Die Temperatur soll etwas höher sein – mindestens 22°. Der Fisch gedeiht am besten bei 28°; dann ist er am regsamsten und auch am schönsten gefärbt. Die Malabarbärblinge vertragen auch keine größeren Temperaturschwankungen, und die Gesellschaft anderer Arten stört sie entschieden, auch wenn sie sich gut mit ihnen vertragen.

*Brachydanio rerio* (HAMILTON-BUCHANAN)
Zebrabärbling

Der Zebrabärbling wurde im Jahre 1905 nach Europa eingeführt und gehört zum ständigen Inventar aller Aquarienfischhandlungen, da unter den Züchtern immer großes Interesse für ihn vorhanden ist. Es ist ein Fisch, der Temperaturschwankungen leicht verträgt. Die Optimaltemperatur beträgt zwar 22°, aber er hält eine langsame Abkühlung auf 12°, ja sogar auch auf 10° leicht aus. Deshalb eignet er sich auch für schwach geheizte Räume. Durch seine unermüdliche Regsamkeit, seine schöne Färbung und seine Bescheidenheit ist er der ideale Fisch für Anfänger, aber auch erfahrene Aquaristen züchten ihn gern.
Am besten gedeihen diese Fische in schwach alkalischem Wasser. Auf dem Grund soll feiner Sand sein, im Hintergrund dichter Pflanzenbewuchs, damit vorn genug Platz zum Herumtummeln bleibt, und die Wasserhöhe soll ungefähr 30 cm betragen. Als Nahrung dienen diesem Bärbling, der bis zu 4 cm lang wird, kleine Lebewesen, Algen und verschiedene organische Bestandteile. Er frißt jedoch auch Laich und Fischbrut, und das nicht nur von anderen Fischarten, sondern auch seiner eigenen Art. Deshalb muß das Pärchen nach dem Ablaichen sofort entfernt werden, sonst vertilgt es sämtliche Eier.

## *Barbus conchonius* (Hamilton-Buchanan)
## Prachtbarbe

Die Prachtbarbe ist ganz und gar anspruchslos, dabei aber einer der schönsten Fische. Er wurde zuerst im Jahre 1903 aus Ostindien eingeführt; im Aquarium wächst er bis zu einer Länge von 8–9 cm heran. Er ist friedliebend, verspielt und trotz seiner ziemlich robusten Gestalt sehr regsam. Seine Grundfarbe ist grünlichsilbern mit einem schwarzen Fleck vor der Schwanzflosse. Die Männchen sind herrlich rosig, fast blutrot, und glänzen silbrig.

Diese kleine Barbe nährt sich von allem Eßbaren, so daß es mit ihrer Fütterung keine Schwierigkeiten gibt. Schon bei einer Länge von 4 cm ist sie geschlechtsreif. Sie hat gern ein dicht bepflanztes Becken und die Strahlen der Morgensonne, bei deren Schein sie auch am besten laicht. Die Optimaltemperatur beträgt 24°, der Fisch verträgt aber auch eine starke Abkühlung, so daß man ihn im Winter in einem normal geheizten Raum halten kann, wo die Temperatur bei Nacht ruhig bis auf 10° absinken kann. Das ist besonders für Anfänger ein großer Vorteil; sie müssen nicht befürchten, daß sich die Barbe erkältet. Auch die Zucht ist sehr leicht.

Die Jungen muß man absondern, weil sie im zarten Alter ein verhältnismäßig größeres Schluckvermögen haben als erwachsene Fische und so beginnen könnten, sich an ihren Geschwistern gütlich zu tun.

## *Barbus nigrofasciatus* (GÜNTHER)
## Purpurkopfbarbe

Auch diese Zierbarbe ist ein sehr schöner Fisch; er wächst bis zu einer Länge von ungefähr 6 cm heran und stammt von der Insel Ceylon. Er lebt in reißenden Flußläufen, die durch Urwaldgebiete fließen. An den Stellen, wo er vorkommt, beträgt die niedrigste Temperatur 21, die höchste 28°; dabei herrscht fast das ganze Jahr über die hohe Temperatur vor. Deshalb ist für diesen Fisch die günstigste Zuchttemperatur 24–27°.

Das Becken muß teilweise beschattet sein, denn die Fische sind an dunkles Wasser gewöhnt, und auch den Boden soll man nach Möglichkeit teilweise mit schwarzen Steinen bedecken. Dann erst erstrahlen die Männchen in voller Pracht in Kohlschwarz, Karminrot und goldenen Punkten, mit denen ihr kleiner Körper übersät ist. Besonders zur Laichzeit sind die Männchen feurig gefärbt.

Das Laichen dauert ungefähr zwei Stunden. Die Brut schlüpft dann nach ein bis eineinhalb Tagen aus den Eiern. Bei Einhaltung der richtigen Wärme ist die Aufzucht der Brut nicht schwer. Zunächst hat der Körper des Fisches eine langgezogene Gestalt mit einem weißen Fleck an der Schwanzflosse, der später verschwindet; dann erhält der Fisch seine charakteristische hohe Form.

## *Barbus tetrazona tetrazona* (Bleeker)
## Sumatrabarbe

Dies ist einer der schönsten und dekorativsten Aquarienfische überhaupt. Das Wasser muß kristallklar sein, am besten schwach sauer, das Aquarium möglichst groß, musterhaft gehalten, mit Pflanzen im Hintergrund, und zwar in Gruppen, damit auch genügend freier Raum vorhanden ist. Der Fisch wächst bis zu 5 cm heran und fühlt sich in zahlreicher Gesellschaft seiner Gefährten wohl. Ein solcher ganzer Schwarm bietet einen einzigartigen Anblick.

Die Sumatrabarbe lebt in Malaya, Siam, auf Sumatra und Borneo. Sie braucht eine höhere Wassertemperatur, am besten von ungefähr 28°, aber nicht unter 22°. Nur dann fühlt sich diese Barbe wohl und trägt stolz ihr strahlendes, goldorangefarbenes Gewand, das durch vier breite kohlschwarze Querbänder unterteilt ist. Sie ist sehr rege und behende, aber von Zeit zu Zeit ruht sie gerne aus, gewöhnlich mit dem Kopf schräg gegen den Grund. Macht eine halt, so machen auch die übrigen halt, aber gleich darauf schwimmen sie wieder umher.

Die Eier messen etwas über 1 mm und haben einen gelblichen Schein. Nach 24–36 Stunden schlüpfen aus ihnen die Jungen, die genauso wie bei anderen Fischarten während der ersten Tage an Pflanzen hängen bleiben. Nach 4–5 Tagen schwimmt die Brut bereits, und zwar meist dicht über dem Grund.

## *Barbus titteya* (Deranyigala)
## Bitterlingsbarbe

Auf der heißen Insel Ceylon lebt in langsam dahinströmenden, kleinen Flüssen, die schattige Haine durchfließen, der prächtige kleine Fisch, der erst im Jahre 1936 nach Europa eingeführt wurde. Diese Barbe mißt ungefähr 4 cm, ist anspruchslos und dabei eigenartig gefärbt, so daß sie sich sehr gut als Aquarienfisch bewährt. Sie ist auch deshalb geeignet, weil sie kein großes Becken erfordet.

Sie findet Gefallen an größerer Gesellschaft ihresgleichen, ist aber etwas scheu. Wenn die Sonne scheint, verbirgt sie sich im Pflanzengewirr oder hinter einem vorstehenden Stein auf dem Grund, und erst wenn das Becken im Schatten ist, wagt sie sich hervor und durchsucht jedes Stückchen des Bodens. Nach einer Weile kommen schon alle Fische zum Vorschein, die Männchen mit pastellrosa Bauch und braungrünem Rücken, der durch ein breites, braunrotes Band von den Seiten abgegrenzt ist, die Weibchen mit weißlichem Bauch und gelbgrauem Rücken, aber einem genauso schönen, braunroten Band wie die Männchen.

Beim Laichen drehen sich die Fische auf die Seite oder schwimmen zum Wasserspiegel empor und wenden sich eine Weile mit dem Bauch nach oben, wobei das Weibchen immer einige Eier ausläßt. Nach dem Ablaichen muß das Pärchen ebenso wie die übrigen Barbenarten sofort ausgefischt werden.

## *Rasbora heteromorpha* Duncker
## Keilfleckbarbe

Ein reizender, aber etwas schwierig ziehbarer Fisch ist diese zarte Wasserfee, mit dem sattvioletten Keil, der in der Mitte des Körpers beginnt und sich bis in die Schwanzflosse hinzieht. Diese Fischart ist im Malaiischen Archipel und auf Sumatra beheimatet.

Früher war man der Meinung, daß die Aufzucht der Brut dieser Fische sehr schwierig sei. In Wirklichkeit liegt die Schwierigkeit darin, daß sich aus mehreren Dutzend Eiern gewöhnlich nur wenige Junge züchten lassen. Außerdem muß man sorgfältig darauf achten, daß die Temperatur gleichmäßig, etwa um 28°, bleibt, denn der Laich ist gegen Veränderungen ungewöhnlich empfindlich. Beim Laichen, das in einem mit Ludwigien, Kryptokorynnen oder Aponogeton bepflanzten Becken vor sich gehen soll, ist oft das Weibchen der aktive Teil. Es versucht, das Männchen zum Hinaufschwimmen unter den Wasserspiegel zu verleiten, wo sich beide Fische mit nach oben gewendetem Bauch aneinader drücken und einige Eier an die Unterfläche eines breiten Blattes ankleben. Das wiederholt sich auch an anderen geeigneten Blättern, bis alle Eier an den schaukelnden Pflanzenwiegen angeklebt sind.

Die Keilfleckbarben jagen am liebsten Mückenlarven, nehmen aber auch die übliche Nahrung auf. Es empfiehlt sich, in das Aquarium etwas Salz zu tun.

## *Tanichthys albonubes* Lin-Shu-yen
## Kardinalfisch

Der chinesische Student Tan entdeckte in Bächen, die in dem Gebirge der Weißen Wolken bei Kanton entspringen, 150 km von der Küste des Südchinesischen Meeres entfernt, einen sehr schönen Fisch, dessen Seiten entlang sich ein leuchtender Streifen bis zur Schwanzwurzel zieht. Besonders junge Fische strahlen fast wie „Neonfische".

Es zeigte sich, daß der neue Fisch leicht züchtbar ist, auch eine bedeutende Abkühlung verträgt, sich mit verschiedenartigstem Futter zufrieden gibt und sich leicht vermehrt. Er gewann daher mit einem Schlag die Aquarianer der ganzen Welt für sich und wurde zu einem der beliebtesten Aquarienbewohner.

Der Kardinalfisch wird ungefähr 3½ cm lang. Die optimale Wassertemperatur beträgt 24°, die Normaltemperatur 20°; überwintern können die Fische auch bei 15°. Selbst wenn die Temperatur manchmal unter diese Grenze absinkt, schadet das den Fischen nicht, sofern dies nicht zu lang andauert. Bei der Brut aber, die sehr schnell wächst, darf die Temperatur bis zum Alter von zwei Monaten nicht unter 22–23° absinken.

Zur Zucht genügt auch ein kleineres Becken, wo einige Dutzend „unechter Neonfische", wie sie die Aquarianer nennen, von früh bis spät wühlen. Es entgeht ihnen nichts, alles untersuchen sie; und da sie fortwährend bei Appetit sind, sind sie ein dankbares Objekt für jeden Beobachter.

## *Carassius auratus auratus* (LINNÉ)
## Goldkarausche und Schleierschwänze

Der Goldfisch, den wir so gut aus Bassins und Teichen und stellenweise auch aus Aquarien kennen, stammt nicht aus Europa, wenn er auch eigentlich die xanthotische Form der Gemeinen Karausche ist, die über Europa und das gemäßigte Asien bis zum Fernen Osten verbreitet ist. Die naturliebenden Chinesen beobachteten schon vor sehr langer Zeit einige Exemplare mit mehr gelbem oder rotem Farbstoff und begannen sie zu züchten, bis sie aus ihnen die bekannten Goldfische herauszüchteten. Meistens sind die Karauschen jedoch nicht golden, sondern rot, während weißlichgelbe und goldgelbe seltener vorkommen. Es gibt auch verschiedene rotgefleckte Karauschen.

Früher lernten die Anfänger in der Regel die ersten Geheimnisse der Aquarienzuchtkunst an Goldfischen. Diese waren ihre Prüfsteine, und sie litten nicht wenig, denn damals war es Gewohnheit, „Goldfische" in runden, bauchigen, möglichst kleinen Glasgefäßen zu züchten, damit sie nicht viel Platz wegnahmen. Außerdem wurde das Wasser täglich gewechselt, da sich ihre Besitzer den Kopf nicht überflüssig mit Begriffen wie „Assimilation", „biologisches Gleichgewicht" usw. zerbrachen. Zum Glück sind Karauschen sprichwörtlich zäh, und so hielten sie alles aus, Wärme, Kälte, auch das Füttern mit Brot, gelegentlich selbst mit eingelegten Pilzen, denn sie sind wirklich Allesfresser.

*Carassius auratus japonicus simplex* (BADE)
Kometenschweif

Er ist unter dem Namen „Komet" bekannt. Die Schuppen haben in der Jugend einen grausilbrigen Glanz, später werden sie dann oft bronzesilbrig. Die After- und Schwanzflossen sind verlängert, die Schwanzflosse zweigeteilt und tief ausgeschnitten, jedoch fester als bei der ersten Form.
Aus dem Goldfisch wurden in China die Schleierschwänze gezüchtet. Dies sind monströse Karauschen von gedrungenem Körperbau; sie haben schleierartige oder wenigstens doppelte Schwanzflossen. Trotzdem die Schleierschwänze einen derartig überdimensionierten Körperbau haben, daß sie schon nicht einmal mehr in der freien Natur leben könnten, sind sie doch in ihrer Art ungewöhnlich dekorativ. Ihre bizarren Formen vereinen sich mit schönen Farben und der feinen Zartheit der wehenden Flossen, die einem ganz dünnen Schleier ähneln, zu einem harmonischen Ganzen. Deshalb gehören auch die Schleierschwänze zu den wertvollen Aquarienbewohnern.

*Carassius auratus japonicus bicaudatus* (Zern)
Schleierschwanz

Die Schwanzflosse ist schleierartig, lang, überhängend, schon von der Wurzel an geteilt. Sie soll wenigstens 4/5 der Körperlänge erreichen und wenigstens halb so breit wie lang sein. Die After- und Brustflossen müssen die halbe Länge der Schwanzflosse haben, die Bauchflossen 3/5 der Schwanzflosse. Der Fisch ist entweder mit Schuppen bedeckt oder auch schuppenlos. Meist ist er rot gefärbt, aber auch gelb oder weiß, manchmal gefleckt.

*Copeina guttata*
(STEINDACHNER)
Forellensalmler

Dieser stammt aus Mittelbrasilien, besonders aus dem Amazonas und wird über 7 cm lang. Die Grundfärbung ist grüngrau oder gelbgrau, die Männchen sind an den Seiten hellblau, und in jeder Schuppe sitzt ein roter Punkt. Die Flossen sind gelb, die Bauch-, After- und Schwanzflossen sind hellrot verbrämt. Auf der Rückenflosse befindet sich ein dunkler Fleck.

Der Fisch ist friedliebend und nährt sich von verschiedenartigster Nahrung. Mit Vorliebe lebt er in einem größeren Schwarm seiner Gefährten. Die optimale Wassertemperatur beträgt 25°. Das Becken muß größer, teilweise verwachsen sein. Das Laichen spielt sich gewöhnlich bei einfallendem Sonnenlicht ab. Das Männchen höhlt vorher im Sand eine runde Mulde aus, in die er das Weibchen führt. Die Fische drücken sich aneinander, und unter ständigem Beben stößt das Weibchen einen kleinen Teil der Eier aus, die sich durch Fächeln mit der Afterflosse ein wenig emporheben, worauf sie sich in der Mulde festsetzen. Das wiederholt sich so oft, bis Hunderte Eier abgelegt sind. Manchmal hält sich das Männchen bei der Mulde auf und hütet den Laich. Die Brut schlüpft nach 24–30 Stunden aus und beginnt in den nächsten vier Tagen frei umherzuschwimmen. Zunächst wird die Brut mit gesiebtem „Staub“ gefüttert, später mit zerstoßenen Enchyträen und ähnlichem.

## *Copella arnoldi* (REGAN)
## Spritzsalmler

Er wurde zuerst im Jahre 1912 aus dem südamerikanischen Surinam nach Amsterdam eingeführt. Er lebt in Urwaldgewässern, vor allem in deren Seitentümpeln, die dicht bewachsen sind, aber gut von der Sonne bestrahlt werden. Deshalb ist auch das Wasser, das die Spritzsalmler bewohnen, manchmal außerordentlich warm. Im Aquarium beträgt die Optimaltemperatur 26–27°.

Der Spritzsalmler legt die Eier auf ganz originelle Art. Zum Laichen braucht er einen Wasserstand von 15–20 cm, wobei zwischen Wasserspiegel und Deckglas ein Raum von 6–8 cm eingehalten werden muß.

Beim Laichen steigen die Fische zum Wasserspiegel empor, drücken sich aneinander und schnellen gemeinsam durch heftige Schläge der Schwanzflosse in die Höhe, so daß sie einen Augenblick lang mit ihren Bäuchen am Deckglas haften, wo sie dann einige Eier ankleben. Die Sprünge werden so lange wiederholt, bis alle Eier abgelegt sind. Es ist gut, das Weibchen nach dem Laichen vorsichtig abzufangen; das Männchen sorgt für den Laich so, daß er ihn von Zeit zu Zeit durch einen Schlag des Schwanzes mit Wasser bespritzt. Etwa nach zwei Tagen schlüpft die Brut aus, die sich heftig bewegt, so daß der Wassertropfen, in dem sie ausgebrütet wurde, auf den Wasserspiegel fällt. Zu dieser Zeit wird auch das Männchen abgefischt.

## *Gymnocorymbus ternetzi* (Boulenger)
## Trauermantelsalmler

Eine sehr einfach, aber dennoch schön gefärbte kleine Characide, die ungefähr 7 cm lang wird. Sie hat einen seitlich abgeflachten Leib mit einer hohen Rücken- und breiten Afterflosse. Vor dem Schwanz befindet sich eine kleine Fettflosse.

Diese Fische sind sehr gesellig, verspielt, rege, in Ruhestellung zucken sie im Atemrhythmus mit den Brustflossen. Der Vorderteil des Körpers ist silbrig, der hintere Teil grauschwarz bis tiefschwarz, auch After- und Rückenflossen sind schwarz. Auf silbrigem Grund ziehen sich zwei starke schwarze Querstreifen; Schwanz- und Brustflossen sind farblos.

Dieser Fisch stammt aus Paraguay und fühlt sich in Behältern mit höherem Wasserstand von 40 bis 50 cm wohl. Die Pflanzen sollen hoch und dicht, aber nur im Hintergrund sein. Am günstigsten ist es, das Pärchen, das Lust zum Laichen zeigt, in ein größeres mit Regenwasser angefülltes Vollglasaquarium zu bringen. Auf dem Boden muß man einen dichten Nitellenbusch anlegen. Das Wasser soll 25–26° warm sein, also etwas wärmer als im Aquarium, wo 23–24° genügen. Nach dem Laichen werden die Eltern entfernt; der Laich wird nach 2–4 Tagen ausgebrütet. Die Aufzucht der Brut ist die gewohnte. Die größeren Fische nähren sich in der Natur hauptsächlich von Mücken und Fliegen. Das muß man bedenken, denn auf solche Weise gefütterte Fische laichen am besten ab.

*Hemigrammus ocellifer* (STEINDACHNER)
Laternensalmler

Eine kleine Characide, verbreitet vom Amazonas bis nach Guayana. Die Grundfärbung ist ein goldgetöntes Silber, unten heller. An den Seiten verläuft ein glänzend grauer Streifen. Der obere Teil der Regenbogenhaut ist hellrot. An der Wurzel der kleinen Schwanzflosse ist ein dunkler, am oberen Rand rot verbrämter Fleck. Der Fisch wird 4 cm lang, die Weibchen sind ein Fünftel größer als die Männchen.

Der Laternensalmler ist ein reger Fisch, der in dichten Schwärmen unermüdlich im Becken herumschnüffelt. Die Gesellschaft der übrigen ist für ihn eine Notwendigkeit. Das Becken soll einen Wasserstand bis zu 25 cm haben und eine Optimaltemperatur des Wassers von 25°. Die Fische laichen in Nitellendickichten, die Brut kriecht nach 1 ½ Tagen aus, worauf man das alte Paar entfernt. Die Aufzucht der Brut ist die übliche; Wasserflöhe und andere Plankton-Lebewesen sind die geeignete Nahrung für diese Fische.

## *Ctenobrycon spilurus* (Cuvier & Valenciennes)
## Hochrückensalmler

Eine Characide von flacher Gestalt mit breiten gewölbten Seiten, die 8 cm lang wird. Die Färbung ist silberglänzend, am Rücken ins Olivgrüne übergehend. In der Mitte der Seiten verläuft von den Kiemendeckeln bis zum Schwanz ein dünner, glänzender Streifen. Sie stammt aus Guayana, am liebsten ist ihr eine Wassertemperatur von 21–22°.

Sie hält sich eher am Boden in kleinen Gruppen auf, sucht sich gern dunkle Winkel, in denen sie sich versteckt. Nur selten bewegt sie sich überflüssig, bei der Jagd von Lebendfutter entwickelt sie jedoch große Gewandtheit. Aber auch dabei gleitet sie hauptsächlich nur am Boden entlang.

Die Fische laichen gut in Nitellen ab, die Aufzucht der Brut, die sehr zahlreich zu sein pflegt, ist die übliche. Im Aquarium sind es vollkommen friedliebende Fische.

*Hyphessobrycon flammeus* MYERS
Roter von Rio

Es gibt bei uns wohl kaum einen Aquarianer, der diesen hübschen Fisch nicht kennt. Er ist ein unruhiger Geist, ein Kobold des Aquariums, ein verträglicher und munterer Fisch, der bis zu 3 cm lang wird, gewöhnlich aber kleiner ist. Allerdings ist die Brut vor ihm nicht sicher, und deshalb darf er nicht in einem Aquarium gezüchtet werden, wo es neugeborene Fische gibt.
Von diesem Fisch könnte man mit vollem Recht behaupten, daß er ein Aquarienschmetterling ist. Sein winziges Körperchen ist in zwei Teile geteilt, einen silbrigen und einen feuerroten. Am vorderen silbrigen Teil hat er zwei schwarze Querbänder. Das Männchen hat eine rotgesäumte Afterflosse, was ein verläßliches Unterscheidungsmerkmal ist. Der Rote von Rio stammt vor allem aus dem Flusse Rio de Janeiro in Brasilien, und da er sich leicht züchten und vermehren läßt, gehört er zu den verbreitetsten Aquarienfischen. Die günstigste Temperatur für seine Zucht liegt zwischen 25°–27°, er verlangt jedoch ein mittelgroßes Aquarium, auch wenn er oft in ganz kleinen Behältern gezüchtet wird.
Erfahrene Züchter wissen, daß Rote Tetras, die in seichten Becken gezüchtet werden, niemals einen so schönen hohen Umriß des Körpers haben wie Tetras, die in hohen Becken gezüchtet werden. Auch die Brut verlangt eher tieferes Wasser.

*Hemigrammus erythrozonus* DURBIN
Glühlichtsalmler

Diese Characide nennen die Aquaristen „Glühlicht-Tetra" und schätzen sie, weil dieser elegante, durchsichtige, oben gelblichgrüne und am Bauch blaßsilbrige Fisch durch einen roten Längsstreifen verschönt wird, der bei richtiger Beleuchtung hell erstrahlt. Feuriges Rot schmückt auch die Rückenflosse und den oberen Teil des Auges.

Dieser Fisch lebt in Guayana, wo er vor einigen Jahren zuerst im Flusse Magaruni gefangen wurde. Beim Laichen bleiben die Fische häufiger stehen, drücken sich aneinander, wobei die Weibchen ungefähr ein Dutzend Eier auslassen, die in die Pflanzen hineinfallen. Nach Erfahrungen ausländischer Züchter laichen die Fische eher dann, wenn mehrere beisammen sind. Die Brut schlüpft nach 48 Stunden bei einer Temperatur von 26° aus. Eine sonderbare Eigenschaft der Brut ist, daß sie vom Augenblick des Ausschlüpfens an bis zum Alter von 4–6 Wochen im Verborgenen lebt. Ungefähr sechs Tage nach dem Ablegen des Laiches ist es daher nötig, sie vorsichtig mit mikroskopischem und feinem Futter zuzufüttern, auch wenn es scheint, daß im Becken keine Spur von Brut vorhanden ist.

Der Glühlichtsalmler erfordert eine Wasserqualität von $P_H$ 7,1–7,2 also eine fast neutrale Reaktion. Die erwachsenen Fische nähren sich von dem üblichen Futter, das wir kleineren Aquarienbewohnern darzureichen gewohnt sind.

## *Paracheirodon innesi* (MYERS)
## Neonsalmler

Von diesem Fisch kann nicht gesagt werden, daß er sich für Anfänger eignen würde. Mit der Vermehrung hat es nämlich eine Schwierigkeit, auch wenn zuweilen behauptet wird, daß es damit weniger schlimm sei, als man sagt.

Der Neonsalmler stammt aus dem Oberlauf des Amazonas in Peru, aus Kolumbien und Brasilien. Er wurde im Jahre 1936 nach Paris eingeführt, aber vermehrt wurde er erst etwas später in Hamburg. Dort, wo der Fisch lebt, ist das Wasser höchstens einen Meter tief, und Stämme gefallener Baumriesen und ganze Schichten abgefallenen und modernden Laubes liegen im Schlamm. Im Aquarium müssen wir uns deshalb danach richten. Richtig sollten die Behälter in ständiger Dämmerung liegen, und auf dem Boden sollten sich dunkle Steine mit Flocken angewachsener Algen und mit einer Schicht modernder Blätter befinden. Es läßt sich aber nicht immer alles so einrichten, wie wir gern möchten. Deshalb muß wenigstens zur Zeit des Laichens auf den richtigen Säuregehalt des Wassers geachtet werden, denn sonst verschwinden die Eier sehr häufig schon am zweiten Tag – sie zerfallen.

Bisher hat sich Regenwasser und Wasser aus Waldbächen am besten bewährt.

Die günstigste Zuchttemperatur beträgt 22–23°, nur während des Laichens und später soll die Temperatur erhöht werden.

## *Nannostomus trifasciatus* STEINDACHNER
## Dreibindenziersalmler

Schlanke, zarte Characiniden, in ihrem Äußeren eher an einige karpfenartigen Fische erinnernd. Sie wurden im Unterlauf des Amazonas gefischt, später aber auch im Mittellauf gefunden. Sie benötigen eine höhere Temperatur von 23–26°. Es sind muntere Fische, die zwar manchmal ziemlich lang an einer Stelle stehen, dann aber wieder ausdauernd im Aquarium herumschwimmen.

Die Färbung ist einfach, aber die strahlenden johannisbeerroten Flecken und das schwarze Längsband auf hellem, gelbbraunem Grund machen den Fisch zu einer wahrhaften Schönheit. Nur die Brustflossen sind farblos, alle übrigen haben je einen großen roten Fleck. Die Fettflosse fehlt. Der Fisch wird etwas über 4 cm lang. Als Futter bewähren sich Daphnien, Tubifexwürmer, Enchyträen und Mückenlarven; größere Beutetiere kann der Fisch nicht verschlingen, da er nur eine kleine Mundöffnung hat.

Das Laichen der Ziersalmler geht im großen ganzen leicht vonstatten, da der Fisch keine Ansprüche an seine Umgebung stellt. Für den Laich ist Regenwasser am vorteilhaftesten, keinesfalls aber altes. Auf den Boden des Vollglasaquariums soll man Nitella oder Fontinalis einlegen, am besten möglichst dicht. Man muß die Fische sofort nach dem Ablaichen abfischen, sonst fressen sie unverzüglich alle Eier, die sie finden.

*Cynolebias bellotti*
STEINDACHNER
Blauer Fächerfisch

Eine sehr ansehnliche Cyprinodontide, die zu den nicht zahlreichen Arten mit untersetztem Körper, aber von überaus reizvoller Färbung gehört. Sie stammt aus den weiten, endlosen Pampas Argentiniens, wo sie in großen, seichten Sümpfen lebt, die in der Regenzeit entstehen und in der Trockenperiode fast vollständig austrocknen. Damit hängt auch das sonderbare Leben dieser Fische zusammen, was einer der besten Belege für die ungewöhnliche Fähigkeit der Organismen ist, sich den gegebenen Bedingungen anzupassen. An vielen Stellen nämlich trocknen die Sümpfe der Pampas im Sommer derart aus, daß kein Tröpfchen Wasser in ihnen verbleibt. Die Molchfische als Doppelatmer vergraben sich in einem solchen Falle im Schlamm und verfallen in den Sommerschlaf, währenddessen sie sich durch Atmung atmosphärischer Luft aushelfen. Unsere Fische jedoch können nur mit Kiemen atmen und können sich nicht im Schlamm eingraben. Deshalb paßten sie sich den ungünstigen Naturbedingungen durch Selbstaufopferung an. Wenn die Sümpfe auszutrocknen beginnen, laichen sie ab und legen zahlreiche Eier; kurz darauf gehen sie an Sauerstoffmangel zugrunde.

Erwachsene Fische fressen hauptsächlich Mücken- und Zuckmückenlarven, aber auch Fischbrut.

## *Rivulus urophthalmus* Günther
## Schwanzfleckbachling

Dies sind schlanke, aber muskulöse Fische von langgestreckter Gestalt, mit verkürztem Vorderteil des Kopfes. Sie leben im Mittel- und Unterlauf des Amazonas bei verwachsenen Ufern, in Sümpfen, in Seitenabflüssen von Wasserfällen und an ähnlichen Stellen. Es sind sehr ruhige Fische, die lange Zeit schräg unter der Wasseroberfläche mit dem Kopf nach oben stehen können, hauptsächlich auf Fliegen lauernd, nach denen sie weite Sprünge über die Wasserfläche machen. Deshalb muß das Becken immer gut bedeckt sein. Eingeführt wurden sie im Jahre 1905.
Außer Fliegen jagen die Schwanzfleckbachlinge mit Vorliebe auch andere kleine Lebewesen, vor allem Fischbrut (auch die eigene). Sie brauchen verhältnismäßig viel Futter, weil sie rasch verdauen. Bei Gefahr retten sie sich ins Pflanzengewirr und auf den Grund.
Die Färbung des Fisches ist schön. Das Weibchen ist graugelb, das Männchen hellgelb und an den Seiten über die ganze Länge mit dichten Reihen roter Punkte geschmückt. Das Auge ist groß und gegen den Vorderteil des Maules zu verlagert. Die geeignete Temperatur ist 23–24°. Die Fische laichen auf Wasserpflanzen und auf den Grund ab. Die bewährte Nitella tut auch hier gute Dienste, denn in ihr undurchringliches Dickicht retten sich die meisten Eier vor der Gefräßigkeit der Eltern.

*Aphyosemion sjöstedti* (Lönnberg)
Blauer Prachtkärpfling

Das Männchen wird selbst über 12 cm lang, das Weibchen ist etwas kleiner und, wie das bei Fischen zu sein pflegt, unauffällig gefärbt. Im ganzen ist es hellbraun. Dafür leuchtet das Männchen in manchen Augenblicken geradezu, besonders beim Laichen. Die Grundfärbung ist ein Graublau, auf der vorderen Hälfte des Körpers mit dunklen und rötlichen Flecken marmoriert, auf der hinteren Hälfte quergestreift. Die breite Schwanzflosse läuft in drei verlängerte Zipfel aus.

Die Optimaltemperatur beträgt 24°, die landläufige Zuchttemperatur im Sommer 20°, im Winter 18°. Der Fisch verträgt auch einen beträchtlichen Temperaturrückgang gut, nicht aber zu große Wärme.

Der blaue Prachtkärpfling ist ein anspruchsloser Fisch, sobald er dem Kindesalter entwachsen ist. Bei genügender Fütterung wächst er sehr schnell, aber zur Zucht läßt man am besten erst einjährige Stücke zu. Als Nahrung dienen ihm hauptsächlich verschiedene Larven von Wasserinsekten, Kaulquappen und kleine Fische, die er zwar sehr gerne frißt, aber schlechter fangen kann, weil er nicht rasch genug ist. Deshalb ist es am besten, ihm schon getötete Guppys zu geben. Ohne dieses Futter, das noch durch Regenwürmer abwechslungsreicher gestaltet werden soll, wächst dieser Fisch nicht bis zur richtigen Größe heran und erglänzt nicht in seiner vollkommenen Schönheit.

## *Roloffia occidentalis occidentalis* (Clausen)
## Goldfasanprachtkärpfling

Ein weiterer sehr schöner Angehöriger dieser Gattung, den die Aquarianer wegen seiner metallisch glänzenden Färbung Goldfasanprachtkärpfling nennen, wurde aus seichten Bächen und kleinen Flüssen Sierra Leone nach Europa eingeführt. Er ist nämlich goldbraun, aber der Unterteil des Kopfes und die Kiemen glänzen dunkelblau. Bläulich ist auch die übrige untere Körperhälfte, während die Schwanzflosse blaugrün ist. Außerdem ist der Körper teilweise rot getüpfelt. Die Flossen sind rotbraun, zum Teil blauviolett und hell gesäumt. Dieser Fisch ist etwas kleiner als die vorhergehende Art, aber in seiner Lebensweise ähnelt er ihr sehr. Auch braucht er ein geräumiges Becken und eine Temperatur von 22°, bei höherer Temperatur geht es ihm offensichtlich nicht gut. Wer es nicht erwarten kann, bis die Brut verschiedener Fische aus dem Laich nach ein, zwei Tagen und sogar erst nach sechs Wochen auskriecht, was wirklich schon eine Geduldsprobe ist, wäre vom Warten auf das Ausschlüpfen der Jungen des Goldfasanprachtkärpflings bestimmt schon ganz mutlos und verzweifelt. Diese Art wird nämlich manchmal erst nach sechs Monaten ausgebrütet. In das Glas, in dem die Eier ausruhen sollen, gibt man zuerst eine Pflanze, die man jedoch vor dem Hineinlegen des Laiches wieder herausnehmen muß, so daß in dem Glas nur reines Wasser bleibt, das man ständig schwach durchlüften soll.

## *Aphyosemion australe* (Rachow)
## Bunter Prachtkärpfling

Ein sehr dekorativer Fisch, der über 6 cm lang wird. Er stammt aus dem afrikanischen Gabun. In der Natur lebt er in den Seiten- und Uferabschnitten des Flusses, wo das Wasser höchstens ein Meter Tiefe erreicht. An diesen Stellen ist das Wasser genügend durchwärmt. Deshalb muß auch im Aquarium für diese Art die Temperatur auf 22–26° gehalten werden.

Der Fisch hält sich am liebsten im höheren Wasserschichten auf, manchmal direkt unter dem Wasserspiegel, wo er regungslos auf Beute lauert. Trotzdem aber ist er lebhafter als seine größeren Verwandten, so daß er sich leicht der Fischbrut bemächtigt, mit der er sich am liebsten nährt. Mit der gleichen Vorliebe frißt er auch die eigene Brut. Aber es kommt vor, daß solche Paare, die von klein auf nur mit Insektenlarven und Enchyträen gefüttert wurden, manchmal trotzdem die Jungfische nicht beachten. Dauernde Verabreichung derartigen Futters ist jedoch etwas unnatürlich, und deshalb ist es besser, die Alten eine Woche nach dem Laichen abzufischen.

### *Epiplatys chaperi* (SAUVAGE)
### Querbandhechtling

Dieser kommt in Äquatorial-Westafrika von Gabun bis Liberia vor, woher er erstmals im Jahre 1908 eingeführt wurde. Er wird 6 cm lang. Die optimale Wassertemperatur beträgt 24°, kleinere Temperaturschwankungen sind nicht schädlich, wenn sie sich in den Grenzen zwischen 18° und 25° halten. Der Querbandhechtling ist schön gefärbt, was freilich besonders vom Männchen gilt, das an der Unterseite des Kopfes und an der Kehle feuerrot, am übrigen Körper olivbraun ist, an den Seiten blau glänzend und schwarz quergestreift. Die Schwanzflosse ist schwarz gerahmt. Das Auge ist zur Hälfte gelb, zur Hälfte blau. Das Weibchen ist bescheidener gefärbt und ist etwas kleiner.

Das Zuchtgefäß dieser Fische kann kleiner und viele Fische können darin beisammen sein, obwohl bei ihnen kein solches Gemeinschaftsbedürfnis zu beobachten ist wie bei den Characiniden oder den karpfenartigen Fischen. Untereinander vertragen sie sich, von einem gelegentlichen Seitenhieb abgesehen, recht gut. Es sind ziemlich räuberische Fische, aber durch planmäßiges Füttern mit Daphnien und anderer bequem erjagbarer Nahrung hat sich ihr ursprünglicher Charakter stark geändert. Die richtige Ernährung ist Fischlaich und Mückenlarven.

Die ausgeschlüpften Fischchen sind verhältnismäßig groß und sehr gefräßig. Ungefähr nach einem Jahr sind sie herangewachsen.

## *Aplocheilus lineatus* (Cuvier & Valenciennes)
## Streifenhechtling

Ein stattlicher und im Hochzeitsgewande prachtvoller Fisch, der im Jahre 1905 aus dem ostindischen Malabar nach Deutschland eingeführt wurde. Am liebsten hält er sich unter Schwimmpflanzen auf, wo er auf Beute lauert. Seine Hauptnahrung sind kleinere Fische. Ohne diese Ernährung degeneriert die Zucht mit der Zeit, die Tiere verlieren die Buntheit, und bei den Jungen zeigt sich in ständig wachsendem Maße eine Neigung zur Rückgratverkrümmung. Zusatznahrung bilden Mücken- und andere Larven, Fliegen und weiche Insekten. Die Optimaltemperatur beträgt 26°.

Zur Zucht des A. lineatus sind keine großen Becken erforderlich. Vorteilhaft ist aber ein ganzer Satz kleinerer Becken zum Aussortieren der Brut. Zum Bepflanzen eignet sich am besten Ceratopteris und Ambulia, an der Oberfläche Riccia. In großen Aquarien bewähren sich kleine Seerosen ausgezeichnet.

## *Jordanella floridae* Goode & Bean
## Floridakärpfling

Eine Cyprinodontide, die von den bisher beschriebenen Arten abweicht, obwohl sie nicht weniger schön und interessant ist. Der Körper ist untersetzt, der Kopf groß, so daß der Fisch an eine schlankere Cichlide erinnert (z. B. *Hemichromis*), wobei sich aber das erwachsene Männchen in der Färbung unterscheidet, die schwer zu beschreiben ist. An den Seiten hat der Fisch auf blaugrünem Grunde goldglänzende oder goldrote Schuppenreihen, die von jeder weiteren Längsreihe durch eine rote Einsäumung abgetrennt sind. In der Mitte des Körpers befindet sich ein schwarzer Fleck.
Die Jordanella floridae stammt – wie schon ihr Name sagt – von der nordamerikanischen Halbinsel Florida, wo sie in Sümpfen und Flußläufen lebt. Sie fühlt sich in seichtem Wasser wohl. Sie wird bis zu 6 cm lang, hält sich auf dem Grund und in mittlerer Höhe auf, erfordert eine Temperatur von 20–24°, im Winter genügt aber auch weniger als 18°. Sie bewegt sich oft ruckartig fort, als ob sie durch das Wasser spränge.
Eine Eigenart des Fisches besteht auch darin, daß er hauptsächlich Pflanzenfresser ist; trotzdem ist es gut, etwas tierische Nahrung zuzugeben.
Die Brut nährt sich vorerst von Staubfutter, hartgekochtem Eidotter, Gebäckbröckchen, die im Wasser weich werden und von denen die Fische abbeißen. Größeren Jungfischen gibt man Wasserflöhe und Pflanzenkost.

*Melanotaenia maccullochi* AHL
Zwergregenbogenfisch

Dies ist der einzige australische Fisch, den wir vorläufig in unseren Aquarien züchten. Die Männchen sind hell olivbraun mit silbrigem Glanz, die Schwanzflosse ist karminrot. Auf den Kiemendeckeln befindet sich ein roter Fleck. Der Regenbogenfisch wird 6 cm lang.
Der Fisch ist friedliebend, nährt sich von kleiner lebender Nahrung und ist gesellig, so daß es am besten ist, in einem größeren Aquarium einen ganzen Schwarm zu halten. In seiner Lebensart erinnert er an die Danien, ist aber träger. Er hält sich eher in höheren Wasserschichten auf.
Zur Laichzeit ist das Männchen besonders schön gefärbt. Die Eier bleiben an zarten Pflanzen hängen, und bei einer Temperatur von 24–25° schlüpft nach 4–5 Tagen aus ihnen die Brut aus. Die Eier sind hell gelblich, verhältnismäßig groß. Die ausgeschlüpfte Brut wird auf die übliche Art aufgezogen und nimmt gleich Staubfutter zu sich.

*Chanda ranga*
(Hamilton-Buchanan)
Indischer Glasbarsch

Unsere Aquarienfreunde nennen diesen Fisch „Dukatenbarsch", denn die Männchen glänzen manchmal in geradezu goldenem, regenbogenfarbigem Schimmer. In der Aquarienkunde ist dies kein neuer Fisch. In Aquarien wird er 3–4 cm lang, in seiner Heimat in Indien bis über 5 cm. Seitlich ist er auffällig abgeflacht.

Der Fisch lebt sowohl in Süßwasser wie auch in Brackwasser, und manche ausländischen Aquarienliebhaber geben in die Becken einen Teil Meerwasser; wie jedoch die Praxis zeigte, ist dies nicht notwendig. Dafür soll das Wasser abgestanden sein, leicht sauer und völlig klar. Der „Dukatenbarsch" beschädigt weder den Grund noch die Pflanzen, und so lassen sich in seinem Becken auch die zartesten Arten der Aquarienflora züchten, die sonst nur selten gedeihen. Die Temperatur soll nicht unter 16° absinken oder 25° übersteigen, auch wenn der Fisch vielleicht noch größere Schwankungen aushält. Das geeignetste Futter für die Brut sind Hüpferlinge im frühesten Entwicklungsstadium, sogenannte Nauplien. Nach vierzehn Tagen kann man mit Staubfutter beginnen.

Erwachsene „Dukatenbarsche" nähren sich von Plankton, Enchyträen, Mücken- und Zuckmückenlarven und freilich auch kleiner Jungbrut.

*Leucaspius delineatus*
HECKEL
Moderlieschen

Ein kleiner, karpfenartiger Fisch aus der Verwandtschaft der Perlfische, sehr schlank, überaus schön weißsilbrig mit braunolivfarbenem Rücken. Er wird 8 cm lang und kommt in Schwärmen in Teichen und Tümpeln sowie auch in kleineren, langsam strömenden Flüssen und Bächen vor.
In der Natur laicht er im Frühjahr im dichten Bewuchs von Wasserpflanzen. Die Eier werden in Gruppen an die Pflanzen angeklebt. Das Moderlieschen bringt weder dem Laich noch der Nachkommenschaft irgendwelche Fürsorge entgegen, sondern wird ihnen eher gefährlich.
Im Aquarium ist dieser Fisch ein ebenso dekorativer Bewohner wie einige Characiden. Am besten ist es, einen ganzen Schwarm zu züchten, der, Leckerbissen suchend, ständig das Becken in allen Richtungen durchstreift. Für Tier- und Pflanzenkost hat er die gleiche Vorliebe, so daß wir nie in Verlegenheit kommen, womit wir ihn füttern sollen.
So mancherlei aus dem Leben des Moderlieschens ist noch nicht so recht bekannt, und so sind es gerade die Aquarianer, die in dieser Richtung viele wichtige Beobachtungen anstellen könnten. Besonders wäre es interessant, das Moderlieschen im Aquarium zum Laichen und zur Aufzucht der Brut zu veranlassen.
Das Weibchen unterscheidet sich vom Männchen durch zwei kleine Warzen an der Afteröffnung.

*Gasterosteus aculeatus* LINNÉ
Dreistachliger Stichling

Der Stichling ist ein Fisch, von dem wir nicht genau wissen, ob er zur ursprünglichen mitteleuropäischen Fauna gehört, oder ob er an verschiedenen Orten künstlich ausgesetzt oder eingeschleppt wurde, weil er sonst am häufigsten in Westeuropa vorkommt. Außerdem lebt er auch in Brackwasser und direkt im Meer, und zwar an der atlantischen Küste Europas und Nordamerikas.
Die Stichlinge, von denen es mehrere Arten gibt, gehören in die Familie der *Gasterosteidae*, die sich u. a. durch scharfe, aufrichtbare Knochendorne auf dem Rücken auszeichnet. Die Schwanzflosse ist an der Wurzel sehr schmal. Das Auge ist groß und erinnert an das Auge des Barsches. Der ganze Körper ist matt glänzend, sehr fest und unbeweglich. Deshalb bewegt sich der Stichling nicht gerade elegant, sondern schwimmt ruckartig. Der Kopf des Stichlings ist länglich, aber die Mundöffnung entspricht in ihren Ausmaßen nicht dieser Verlängerung, so daß der Stichling einen großen Bissen nicht auf einmal verschlingen kann. Er vermag jedoch mit Hilfe scharfer, kleiner Zähne kleine Teilchen der Nahrung abzureißen. Häufig bedroht er auch größere Fische, denen er sämtliche Flossen abreißt, ja sogar die Haut. Seine Hauptnahrung jedoch sind verschiedene kleine Lebewesen, Laich und Fischbrut. Er verdaut schnell und verbraucht viel Futter; am liebsten bewegt er sich dicht unter dem Wasserspiegel.

## *Misgurnus fossilis* (Linné)
## Schlammbeißer

Aus der Familie der *Cobitidae*, die sich durch einen sehr langgestreckten Körper und einen Kranz von Tastbarteln um das Maul herum auszeichnet, leben in unseren Gewässern mehrere Arten. Ich greife aus ihnen den Schlammbeißer heraus, weil er der schönste ist und sich am leichtesten züchten läßt.
Der Schlammbeißer hat ein mit zehn Barteln versehenes Maul, kleine Augen, mit denen er eher in die Weite sieht, und unter den Augen auf beiden Seiten einen kleinen harten, in der Haut verborgenen Dorn, mit dem er empfindlich in die Hand stechen kann, die ihn hält. Die Grundfärbung ist hell schokoladenbraun bis olivdunkelbraun, am Bauch heller. Von den Kiemen verlaufen zwei goldgelbe Bänder zum Schwanz, auf denen sich unregelmäßige, dunkle Tupfen befinden.
Der Schlammbeißer lebt in ruhigen Gewässern mit schlammigem Grund, in den er sich völlig eingräbt.
Da man dem Schlammbeißer im Aquarium aus ästhetischen Gründen keinen schlammigen Boden bieten kann, ersetzt man diesen durch feinsten Sand, in den sich der Fisch öfters einbohrt, besonders vor Beginn schönen Wetters. Vor Wetterverschlechterung zeigt er auffallende Unruhe. Zur Laichzeit färben sich bei den Männchen die Tastbarteln rot, während das Weibchen sich auffallender färbt. Eier gibt es in ungeheurer Menge, bis zu 150 000.

*Ictalurus nebulosus* (LESUEUR)
Katzenwels

Ähnlich wie der Schlammbeißer verträgt auch der Katzenwels ziemlich schlechtes Wasser, obwohl er keine Hilfsatmung besitzt. Dies ist ein großer Vorteil, den auch die Aquarianer häufig ausnützen. Gern züchten sie diesen unterhaltsamen Fisch, der sehr komisch ist. Er hat acht auseinanderstehende, lange Bartfäden um das zu breite Maul, die sehr seltsam wirken, dazu tückische Äuglein und einen erweiterungsfähigen Bauch, der gleich hinter dem Kopf angehängt ist, damit es das Futter nicht allzu weit in den Magen hat. Er stammt aus Nordamerika, wo es fast einen halben Meter lang wird.
Dafür gehörte er früher zu den häufig gehaltenen Aquarienfischen, und auch heute züchten ihn die Aquarianer gerne. Ungefähr mit vier Jahren ist er herangereift, und im Frühjahr legen dann die Weibchen in Untiefen, die von der Sonne durchwärmt sind, einige tausend Eier. Um Eier und ausgeschlüpfte Brut kümmert sich das Männchen, und zwar bis zu der Zeit, da die Brut frei umherschwimmen kann.
Der Katzenwels ist zwar wie alle seine Verwandten ein Nachttier, im Aquarium aber vertauscht er in kurzer Zeit Tag und Nacht, und solange er nicht hinreichend gesättigt ist, schwimmt er ständig herum.
Die übliche Nahrung des Katzenwelses sind Würmer und Larven von Wasserinsekten.

*Esox lucius* LINNÉ
Gemeiner Hecht

Für den Fischer ist der Hecht wegen seiner Raubgier und der spannenden Jagd mit dem Spinner (Blinker) oder dem „Gründling" interessant; die Aquarienliebhaber halten junge Hechte gerne, um mit Interesse die Lebensweise dieses „Süßwasserhais" zu beobachten. Tatsächlich ist der Hecht das schöne Raubtier unserer Gewässer. Das Aquarium für den Hecht soll im Hintergrund hohe, nicht allzu dichte Pflanzen haben, der vordere Teil soll frei bleiben. Geeignet sind Pflanzen mit schwimmenden Blättern, unter denen der Hecht am liebsten lauert. Im Becken sollen keine Steine mit scharfen Kanten sein, an denen sich der Hecht, wenn er eine jähe Bewegung macht oder die Beute angreift, verletzen könnte. Je nach seiner Größe braucht auch der Junghecht ein möglichst geräumiges Becken.

Solange der Hecht ganz klein ist, begnügt er sich mit Wasserflöhen, je größer er aber wird, desto größere und ausgiebigere Nahrung braucht er. Seine Lieblingsbeute sind Fische, die er sich jedoch auswählt. Wenn er keinen großen Hunger hat, verschmäht er Schleien, Karauschen und Gründlinge. Leckerbissen sind für ihn Elritzen und Moderlieschen, von Aquarienfischen Lebendgebärende. Er jagt auch weichere Insekten, Fliegen, Heuschrecken und Regenwürmer, und im Aquarium vertilgt er zuverlässig alle Schnecken. Ein 25–30 cm langer Hecht verschlingt auch eine Maus.

# ALPHABETISCHES VERZEICHNIS DER FISCHE

# INHALT